德博诺创新思考经典系列
Edward de Bono

The Mechanism of Mind

思考的机制

[英]爱德华·德博诺 著

吴慈瑛 译

中国科学技术出版社
·北京·

Copyright © IP Development Corporation, 1969, 2015
First published as THE MECHANISM OF MIND in 2015 by Vermilion, an imprint of Ebury Publishing. Ebury Publishing is part of the Penguin Random House group of companies
The simplified Chinese translation copyright by China Science and Technology Press Co., Ltd.
All rights reserved.
北京市版权局著作权合同登记　图字：01-2022-7065

图书在版编目（CIP）数据

思考的机制 /（英）爱德华·德博诺（Edward de Bono）著；吴慈瑛译 . —北京：中国科学技术出版社，2023.8

书名原文：THE MECHANISM OF MIND

ISBN 978-7-5236-0171-6

Ⅰ . ①思… Ⅱ . ①爱… ②吴… Ⅲ . ①思维方法—通俗读物 Ⅳ . ① B804-49

中国国家版本馆 CIP 数据核字（2023）第 058273 号

策划编辑	申永刚　方　理　陆存月	责任编辑	刘　畅
封面设计	今亮新声	版式设计	蚂蚁设计
责任校对	邓雪梅	责任印制	李晓霖

出　　版	中国科学技术出版社
发　　行	中国科学技术出版社有限公司发行部
地　　址	北京市海淀区中关村南大街 16 号
邮　　编	100081
发行电话	010-62173865
传　　真	010-62173081
网　　址	http://www.cspbooks.com.cn

开　　本	787mm × 1092mm　1/32
字　　数	169 千字
印　　张	10
版　　次	2023 年 8 月第 1 版
印　　次	2023 年 8 月第 1 次印刷
印　　刷	河北鹏润印刷有限公司
书　　号	ISBN 978-7-5236-0171-6 / B·139
定　　价	68.00 元

（凡购买本社图书，如有缺页、倒页、脱页者，本社发行部负责调换）

Dear Chinese Readers,

These books are practical guides on how to think.

My father said "you cannot dig a hole in a different place by digging the same hole deeper". We have learned to dig holes using logic and analysis. This is necessary but not sufficient. We also need to design new approaches, to develop skills in recognizing and changing how we look at the situation. Choosing where to dig the hole.

I hope these books inspire you to have many new and successful ideas.

Caspar de Bono

亲爱的中国读者们，

　　这套书是关于如何思考的实用指南。

　　我父亲曾说过："将同一个洞挖得再深，也无法挖出新洞。"我们都知道用逻辑和分析来挖洞，这很必要，但并不够。我们还需要设计新的方法，培养自己的技能，来更好地了解和改变我们看待事物的方式，即选择在哪里挖洞。

　　希望这套书能激发您产生许多有效的新想法。

卡斯帕·德博诺

德博诺全球总裁，爱德华·德博诺之子

荣誉推荐

德博诺用最清晰的方式描述了人们为何思考以及如何思考。

——伊瓦尔·贾埃弗（Ivar Giaever）
1973年诺贝尔物理学奖获得者

非逻辑思考是我们的教育体制最不鼓励和认可的思考模式，我们的文化也对以非逻辑方式进行的思考持怀疑态度。而德博诺博士则非常深刻地揭示出传统体制过分依赖于逻辑思考而导致的错误。

——布莱恩·约瑟夫森（Brian Josephson）
1973年诺贝尔物理学奖获得者

德博诺的创新思考法广受学生与教授们的欢迎，这套思考工具确实能使人更具创造力与原创力。我亲眼见证了它在诺贝尔奖得主研讨会的僵局中发挥作用。

——谢尔登·李·格拉肖（Sheldon Lee Glashow）

1979年诺贝尔物理学奖获得者

没有比参加德博诺研讨会更好的事情了。

——汤姆·彼得斯（Tom Peters）

著名管理大师

我是德博诺的崇拜者。在信息经济时代，唯有依靠自己的创意才能生存。水平思考就是一种有效的创意工具。

——约翰·斯卡利（John Sculley）

苹果电脑公司前首席执行官

德博诺博士的课程能够迅速愉快地提高人们的思考技巧。你会发现可以把这些技巧应用到各种不同的事情上。

——保罗·麦克瑞（Paul MacCready）

沃曼航空公司创始人

德博诺的工作也许是当今世界上最有意义的事情。

——乔治·盖洛普（George Gallup）

美国数学家，抽样调查方法创始人

在协调来自不同团体、背景各异的人方面，德博诺提供了快速解决问题的工具。

——IBM 公司

德博诺的理论使我们将注意力集中于激发员工的创造力，可以提高服务质量，更好地理解客户的所思所想。

——英国航空公司

德博诺的思考方法适用于各种类型的思考，它能使各种想法产生碰撞并很好地协调起来。

——联邦快递公司

水平思考就是可以在 5 分钟内让你有所突破，特别适合解决疑难问题！

——拜耳公司

创新并不是少数人的专利。实际上，每个人的思想中都埋藏着创新的种子，平时静静地沉睡着。一旦出现了适当的工具和引导，创新的种子便会生根发芽，破土而出，开出绚烂的花。

——默沙东（MSD）公司

水平思考在拓宽思路和获得创新上有很大的作用，这些创新不仅能运用在为客户服务方面，还对公司内部管理有借鉴意义。

——固铂轮胎公司

（德博诺的课程让我们）习得如何提升思维的质量，增加思考的广度和深度，提升团队共创的质量与效率。

——德勤公司

水平思考的工具，可以随时应用在工作和生活的各个场景中，让我们更好地发散思维，收获创新，从内容中聚焦重点。

——麦当劳公司

创造性思维真的可以做到在毫不相干的事物之间建立神奇的联系。通过学习技巧和方法，我们了解了如何在工作中应用创造性思维。

——可口可乐公司

（德博诺的课程）改变了个人传统的思维模式，使思考更清晰化、有序化、高效化，使自己创意更多，意识到没有什么是不可能的，更积极地面对工作及生活。

——蓝月亮公司

（德博诺的课程）改变了我们的思维方法，创造了全新的思考方法，有助于解决生活及工作中的实际问题，提高创造力。

——阿克苏诺贝尔中国公司

（德博诺的课程让我们）学会思考，可以改变自己的思维方式。我们掌握了工具方法，知道了应用场景，有意识地使用思考序列，可以有意识地觉察。

——阿里巴巴公司

解决工作中的问题,特别是一些看上去无解的问题时,可以具体使用水平思考技能。

——强生中国公司

根据不同的创新难题,我们可以选择用多种水平思考工具组合,发散思维想出更多有创意的办法。

——微软中国公司

总序

改变未来的思考工具

面对高速发展的人工智能时代，人们难免对未来感到迷茫和无所适从。如何才能在激烈的市场竞争中脱颖而出，成为行业的佼佼者？唯有提升自己的创造力、思考能力和解决问题的底层思维能力。

而今，我们向您推荐这套卓越的思考工具——爱德华·德博诺博士领先开发的思维理论。自 1967 年在英国剑桥大学提出以来，它已被全球的学校、企业团队、政府机构等广泛应用，并取得了巨大的成就。

在过去的半个世纪里，德博诺博士全心全意努力改善人类的思考质量——为广大企业团队和个人创造价值。

德博诺思考工具和方法的特点，在于它的根本、实用和创新。它不仅能提高工作效率，还能帮助我们找到思维的突破点，发现问题，分析问题，创造性地解决问题，进而在不断变化的时代中掌握先发优势，超越竞争，创造更多价值。

正是由于这套思考工具的卓越表现，德博诺思维训练机构在全球范围内备受企业高管青睐，特别是在世界500强企业中广受好评。

自2003年我们在中国成立公司以来，在培训企业团队、领导者的思维能力上，我们一直秉承着德博诺博士的理念，并通过20年的磨炼，培养和认证了一批优秀的思维训练讲师和资深顾问，专门服务于中国企业。

我们提供改变未来的思考工具。让我们一起应用智慧的力量思考未来，探索未来，设计未来，创造未来和改变未来。

赵如意
德博诺（中国）创始人 & 总裁

目录

引言　　　　　　　　　　　　　　　　001

第一部分　大脑的组织和功能　　　009

第1章　理解大脑系统　　　　　　　011
第2章　简单与复杂　　　　　　　　015
第3章　组织结构的不同层次　　　　020
第4章　模型与符号　　　　　　　　024
第5章　记忆痕迹与记忆表面　　　　034
第6章　不同世界，不同规则　　　　052
第7章　聚乙烯模型与大头钉模型　　056
第8章　群灯模型　　　　　　　　　061
第9章　循环系统　　　　　　　　　066
第10章　激励因素与抑制因素　　　　076
第11章　关注区域　　　　　　　　　085
第12章　果冻模型　　　　　　　　　095

第13章	记忆表面的流动	102
第14章	自我与生命	107
第15章	环境与思想的交流模式	110
第16章	短期记忆与长期记忆	115
第17章	模式的形成	122
第18章	特殊记忆表面与内外环境	125
第19章	特殊记忆表面的规则	130
第20章	d线	133

第二部分 大脑如何思考　　149

第21章	特殊记忆表面的性质	151
第22章	特殊记忆表面的思考行为	157
第23章	灵光乍现	170
第24章	思维定式	184
第25章	荒诞模式	190
第26章	极化	199
第27章	连续性	212
第28章	偏差	219
第29章	错误总结	225
第30章	自然思维	227

第31章	逻辑思维	231
第32章	数学思维	237
第33章	水平思考	244
第34章	Po	257
第35章	特殊记忆表面与大脑的相通之处	283
总结		292

引言

有些人认为大脑永远是无法破解之谜，有些人则认为我们终有一日能够详细揭示大脑的运作方式。那么这些知识有何妙用？如果我们突然理解了大脑，人类的问题是否会迎刃而解？这些知识能否用于实践？

大脑是如何运作的，就是本书所要讲述的内容。可能搞懂大脑并不是那么困难，而是有迹可循的。人类正是因为有能力处理复杂的事物，所以反而总要匠心独运，创造出令人眼花缭乱、不便理解的结构，把事情搞得越来越复杂。这些结构只能说明，人类有能力、有动力去玩这类概念游戏。事实上，这背后的成因正是大脑的性质，也正是出于该性质，我们才得以审视自己的大脑。思想肯定会演变，如果错过正道，思想就会误入歧途，越走越远。不过好在，大脑的内省活动不受限制。思想则由大脑发挥想象力创造而来，就像车穿越沼泽留下车辙一样，大脑可以不停地把思想发展下去。

大脑自己不会设法理解或解释事物，但是会创造解释——这两者截然不同。解释可能与解释对象本身并无太多关联，却能获得高度认可。人类绞尽脑汁提出哲学，为自我满足提供了圆满的解释，我们还能否从中跳出来？本书将大脑活动描述为由机械单元形成的机械行为，而这些单元的组织就相当于大脑的运作机制。

为何人们会费神去思考、谈论、记录事情？为何人们会认为自己所说所写的内容会引起他人的兴趣？人们描述某事是希望通过描述之事得到赞赏。人们甚至会在描述中，设法揭示某些在他人看来不算明显的事物。人们设法揭示更多内容时，就会从描述转为解释，通过解释来说明陌生事物只不过是熟悉事物的特殊组合。我们知道熟悉事物的运作方式，因此能够推断陌生事物大体上会如何运作。我们想知道陌生事物的运作方式，是为了更好地利用它们，或者改变它们以避免出错。我们通常最想知道的是，陌生事物在一般情况和特殊情况下会如何运作。如果描述的目的是追求美感，那么解释的目的就是发挥作用。

本书所讲述的内容是否有用，要由读者来评估。不过，我也不妨举个明确且非常实际的例子来说明本书内容有何帮助。

文字通常用来描述事物或活动，活动也就是运作中的事物。但有些词语并不用来描述事物，而是提供了处理其他词语的手段。例如，乘法、除法、加法和减法是处理数量的特定方法，每个过程都可以用一个符号来表示，然后这些符号就可以用来执行过程。"不是"和"如果"这类词语也可以处理其他词语和执行某些过程。本书则推荐一个新词，它尚不属于任何语言，却可以用来执行其他方式无法执行的过程。这个词语一旦发明出来、其功能一旦成功定义，我们就会习惯使用它，就像习惯使用"不是"一样。如果这种设想实现，我们就有可能以尚未开发出来的全新方式进行思考。这些与众不同的思考方式特别有助于我们产生新的想法和解决问题。不过到目前为止，这个新词最重要的用途是防止我们因语言或思想的限制而频频地出现问题、使情况恶化。新词只要存在，无论是否会被使用，多多少少都能提供帮助。

人们正在不断发明新词来描述新事物，但这不可与发明新的功能词、新的思想工具或新的语言工具相提并论。在整个语言发展史上，从未有人刻意这么做。那么，采取如此骄纵之举有何理由？这个新词将发挥何用？我们为何需要它？

我们的整体思维、语言、教育，甚至西方人的整体文化，都与思想的形成与交流有着千丝万缕的联系。这就是大脑所发挥的作用，是大脑满足生活所需的运作方式，也是我们提倡的运作方式。那么除了创建概念，我们要如何改变概念？这并非一个自然而然的过程，对此，我们既无可用工具，也无相关培训。在过去，思想向来比人类更长寿，但如今则未必，所以我们非常需要能够正确塑造思想的心理工具。

不过，这个新词及其功能是否必要，并非取自于哲学需求，而是出于大脑处理信息的机制。大脑作为生物的信息处理系统，其机制行为具有一定的局限性。正是出于这些局限性，新词及其功能才如此必要。新词是突破限制的手段，就像数学中"零"的作用一样，用于执行非它不可的过程。

本书第一部分集中讲述了大脑的组织，从简易的单元入手，到逐步构建组织，再组装出大脑机制。整个阅读过程的跨度很小，无须用到特定知识或数学理论。

我们可以将机制比作一大张写满了字的纸。这张纸在黑暗中，表面上有一个移动的小光柱，就像用手电筒照射一样，我们只能看到光柱中的文字。本书第一部分正是讲述这些文字是如何写到纸上的，为何它们不能由某种外界智慧形成，它们如何为自己赋予了意义和含义，光柱如何在纸上移动，光柱的移动方向遵循什么原理，为何文字不是被读取而是自我读取。这些都是大脑意识、自由意志、记忆和思维的基本机制。本书第一部分说明大脑记忆功能较差，却能成为一台好用的"计算机"。而为大脑提供计算功能的，正是记忆。

本书第二部分说明了第一部分中的大脑机制如何在实践中运作，集中讲述为何它只能以某些方式运作，以及这些方式有何优缺点。此外，第二部分还将审视大脑无法避免的局限性，并讲述四类基本思维：自然思维、逻辑思维、数学思维和水平思考。这些思维部分是自发形成的，部分是人为形成的，人为手段则旨在改善大脑自然而然发展出来的机制。

大脑的运作方式确实取决于它的结构，但有些读者可能更倾向于认为大脑是一种功能机制，而非组织复杂的结构。如果你也这么认为，不妨直接翻到第二部分开始阅读。就这一点而言，大脑就像一张纸，上面写着重要的内容，在移动的光柱上依次显示出来。读完第二部分的内容之后，你可能又会想回头阅读第一部分，了解大脑为何如此运作。

一般来说，读者可能更愿意从头开始阅读，先逐步了解大脑机制的组织结构，再进而了解它的运作原理。

你可以任意选择适合自己的阅读方式，不过我还是要提醒一下：对于大多数人而言，第二部分会比第一部分容易理解。第一部分解释了大脑功能、运作和组织的奥妙所在；第二部分直接讲述大脑如何思考，也就是我们通常如何思考。第一部分就像是茎部，第二部分就像是花朵，花朵要从茎上开出来。茎是为了承载花朵而存在，无茎也能存活的唯有人造花。

演奏一段乐章就是一个重复递进的过程，本书的叙述也是如此。

***

我在牛津大学上学的时候，学校大门会在零点二十分锁上，学生晚于这个时间回校就只能翻墙进去。入学的第一天晚上，我去伦敦参加聚会。我知道自己会晚归，所以向一位经验丰富的校友请教了回校的路：首先要翻过一排栏杆，然后翻越第一堵墙，接着再翻越第二堵墙。

我确实回来晚了。翻过栏杆很容易，爬上第一堵墙要困难得多。我翻过它之后继续走，来到第二堵墙面前，它和第一堵墙差不多高。我翻过第二堵墙，却发现自己又在学校外面了。回校心切，害我翻错了个墙角。

于是我从头开始，仔细把握方向，总算找到了正确的第二堵墙。这堵墙上有一扇铁门，它低于墙体部分，还提供了更好的落脚点,所以我爬上了铁门。当我跨坐在铁门顶上时,它突然松开了。我这才发现,这扇铁门根本没锁。

第一部分

大脑的组织和功能

思考的机制

EDWARD DE BONO

第 1 章

理解大脑系统

系统不必错综复杂,甚至无须用任何专业术语来形容。系统只是提供条件,让事情以某种方式发生。这些条件可能包括金属网格、电子元件、血肉之躯、规章制度等。在每种情况下,实际发生什么都取决于系统的性质。可能有人认为系统具备功能理所当然,也可能有人对其运作方式感兴趣。

如果我们叫小孩去发明一台土豆去皮机,他们可能会画一根管子,土豆通过管子传输至一个简单的盒子,盒子上写着"土豆去皮处"。去了皮的土豆从另一根管子离开。盒子毫无神秘之处,只是起到了给土豆去皮的作用。他们理所当然地认为这个盒子的功能就是去皮,它以某种方式执行了这个功能。可能孩子们还会画出更多流程,把去了皮的土豆输送到金属网格上,然后被网格削成薄片。薯片的制作过程也不是理所当然的,而是需要解释的,因为它可以被解释出来。

如果倒进煎锅的不是油而是水,就别指望能炸出薯片;如果在锅中倒入油,就会炸出普通的薯片;如果开火前在油锅里加点水，那么油温就会上升较慢，炸出来的薯片就会外脆里嫩，比只用油炸出来的薯片口感好得多。由此可见，系统中会发生什么事取决于系统的性质。

大脑是一个系统，在这个系统中，事情的发生取决于系统的性质，而这些事情就是信息，其发生方式是思考。

由于这种广义的思考决定着人们会做什么，小到个人层面，大到国际层面，因此大脑系统的某些方面可能值得我们研究。那么，去发掘大脑系统的相关知识，又有何实际意义？

如果要在英国的酒店清洗鞋子，那么你只需将鞋子留在房门外走廊上。然而在美国的许多英国人不小心发现，这种做法会把鞋子弄丢，甚至再也找不回来。因为放在门外的鞋子会被当作一笔特殊的小费或垃圾。读到这里，我们就学到了第一条关于系统的有用知识：误解系统可能致错，因此要避免误解。

第二条有用知识：认识到系统具有局限性。无论大多数系统在执行自己最擅长的功能上表现得多么优秀，它们在执行最不擅长的功能时都会表现得相当糟糕，就像人们不会开购物车去赛车，也不会开赛车去购物一样。在条件允许的情况下，我们就应该选择符合用途的系统。

更常见的情况是别无选择，这就意味着只有一个系统能用，它能够很好地执行某些功能，在其他功能上表现较差。例如，大脑系统非常适合发展想法，但不太擅长生成想法。对系统局限性的了解本身并不会改变系统，但通过了解系统性质，我们可以有意识地作出调整。

第一个宣称某品牌的肥皂优于其他品牌的广告，可能会吸引消费者，因为人们倾向于相信自己得知的内容。但是人们在对广告系统的认识不断提高后，会作出调整，那么他们响应推广的可能性就会降低。

第三条有用知识：利用系统特征来提高其性能，或者达到某个目的。 例如，检查酒驾最早的办法是让司机呼气。当时，一名醉酒司机开车撞坏了灯柱；他坐在残骸中等待交警的检测和指控时，想起了检测系统的性质。于是他拿出随身小酒瓶，喝了更多酒。警察过来后，司机解释称自己因事故而受到惊吓，所以猛灌了几口酒。当然，事故发生时他血液中的酒精含量也已经无法确定。

又例如，人类女性只有在体内某些激素含量适当时才会排卵，改变这些激素含量则会阻碍排卵。因此，如果要利用排卵系统的性质来有效地避孕，那么可以口服小剂量的合成激素药丸。

在以上两个事例中，人们通过了解系统的运作而有效地利用了系统。行医就是一个典型的例子，就这一点而言，整个科学界也不例外，都是为了更好地利用系统而设法了解系统。

对大脑系统的信息处理过程了解一二，可能非常有助于我们发现这类系统的某些固有错误和缺陷。例如，我们会发现大脑趋于任意地分化信息并强化这种分化，还会发现这种分化在大多数情况下非常有用，但也可能产生很多麻烦。除了认识系统错误，我们还可以通过了解系统性质来有效地利用系统，从而使学习过程更容易、更经济，也许还可能对交流做些改进。

对于思考来说，语言、符号和数学都是有用的人工辅助手段。如果对大脑系统足够了解，我们就可能发明出更多辅助手段。有了新的符号，我们就更容易产生想法；而想法一旦生成，我们就能够发展想法，就像现在这样。我们有可能发明出一个新的功能词，就像前人发明出"和""如果""但是"或"否"一样。新词的作用是弥补大脑信息处理系统的局限性，开辟新的谈话方式和思考方式。新词是否有用，要让实践来检验。但如果不了解系统性质，我们可能就无法把它发明出来。

通过了解系统，我们会收获非常实用的效果，例如像新词这样明确的事物。对系统的了解还有个范围更广的用处，那就是认识到系统并没有神秘莫测的魔力，只是它的复杂令人生畏。

第 2 章
简单与复杂

鸟类没有螺旋桨也能飞行,人类不借助轮子也能移动。翅膀与螺旋桨外形不同,但都是用来飞行的;腿和轮子外形不同,同样是用来行进的。

人们对计算机这个信息处理系统的行为感兴趣,所以同样也对作为信息处理系统的大脑行为产生了兴趣。若非对计算机感兴趣,人们发现大脑治疗方法的可能性就会大大降低。许多有用的想法源于计算机领域,并且事实证明它们有助于我们理解大脑功能,但计算机系统行为和大脑系统行为之间可能存在根本差异。在某些方面,人类必须依赖计算机来提供想法,因为这会让我们更好地了解大脑。

事实上,计算机和大脑都靠电力运转;英美两国说同一种语言,但这有时更容易造成误解而非促进理解。在多个方面,大脑电路与计算机压根不同。例如在神经回路中,从"导线"两端开始的两个单脉冲会相互抵消,这与计算机的通电完全不同。哪怕大脑和计算机都是

"信息处理系统",它们之间的差异也是如此悬殊。

大脑与计算机在功能上也存在相当大的差异。例如,计算机会识别文字与图案,但识别手写体非常困难,而识别复杂的数学运算序列却十分容易;大脑系统识别文字与图案非常容易,但要识别数学运算序列就相当困难。

计算机有枯燥但准确的记忆,资料被储存在其中,而后又被取出使用,完好如初。计算机的部分处理能力用来处理资料,部分记忆则不处理资料,而是储存资料。大脑系统很可能非常不同,根本没有专门负责计算的部分,只有相当糟糕的记忆。矛盾的是,大脑因为记忆较差,才可能成为一台优秀的"计算机"。大脑记忆较差,原因是它并非简单地储存所接收到的信息,而是筛查、挑选和改变信息。这是信息处理行为,所以从大脑记忆中输出的内容就不太可能与输入的内容一致。

大脑系统的基本特征之一是笑,但计算机系统则不具备。笑是一种"创新",计算机如果懂得笑,就意味着它们已经懂得做很多其他事,对人类来说可能就大事不妙了。

经过人类刻意编程的计算机完全有可能模仿大脑系统的功能,甚至能够笑、能够创造。但这也并不代表计算机与大脑的运作相似,只是两者得出的最终结果相似。

例如，教某人画一个正方形很容易，但让他理解正方形的数学定义就麻烦多了，尽管这两种做法结果一样。

我们看到某个复杂的结构时，可能难以想象它由哪些简易的单元组合而成；揣摩一项复杂的操作时，可能难以想象它由哪些简单的过程交互而成。即使接受由简至繁的可能性，我们可能仍然难以看出这些单元或操作的排列组合方式。

图 1 显然是一个复杂的模式，其基本组织原理是什么？

图 2 罗列了四张轮廓图，每张图都是由相同类型的基本单元组成。那么，单元分别是哪些？它们是怎样组合的？

大脑看似是一个非常复杂的系统，解释起来似乎很复杂，但最复杂的过程也可能由简单的过程组成，最复杂的数学计算也终归取决于小学教的加、减、乘、除这四个基本算法。然而，计算太空舱准确登陆月球所需的数学知识，则与学校课本相去甚远。最终，整场计算都依赖于一个简单的过程，就像打开或关闭开关，在两种状态之间切换。在空间或时间里，数百万个这样的"开关"以不同的方式排列组合，作为计算的基础。

例如，对某些基本音乐原理的阐述，谱成了最丰富

图1　　　　　　图2

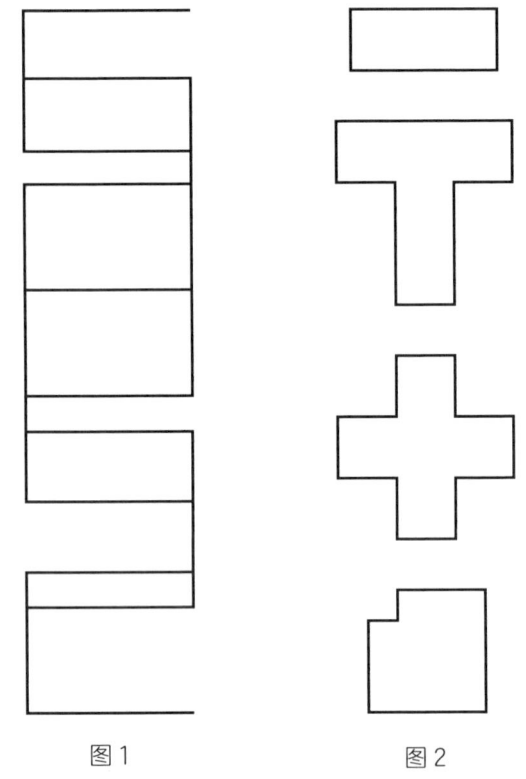

的交响乐；对物理学中某些基本原理的阐述，解释了大部分的宇宙万物；生物随机突变与适者生存的简单进化过程，最终产生了物种的复杂多样性。

如图3、图4所示，着眼于简易的基本单元，就容易看出具备复杂功能的复杂结构是如何构建的了。反之，着眼于复杂结构则不太容易看出基本单元。本书的目的并非将大脑系统的复杂行为拆解为简单的基本过程，而是要说明，简单的基本过程可能经过组合形成像大脑系统一样的复杂行为。

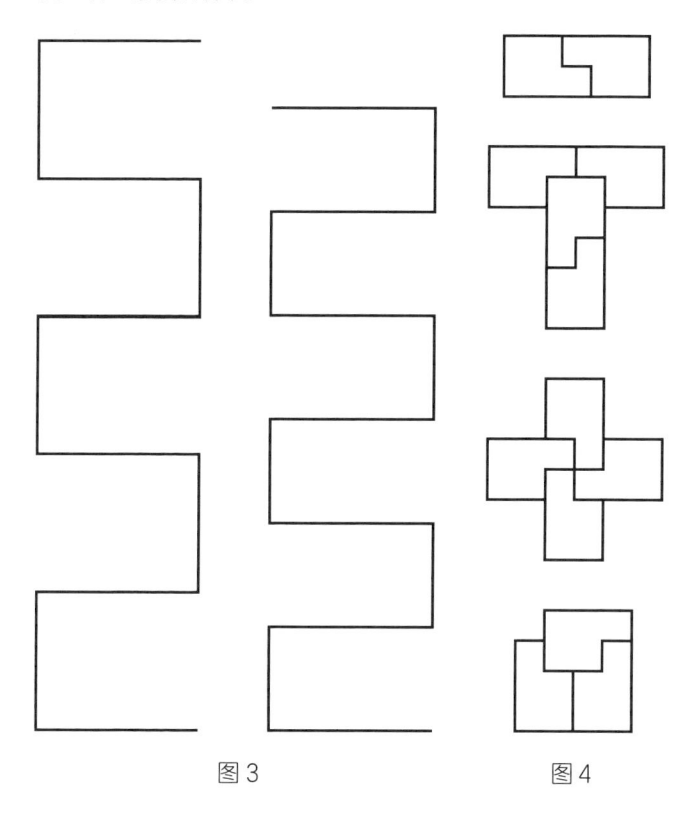

图 3　　　　　　　　图 4

第 3 章
组织结构的不同层次

建筑是一项复杂的工作。它需要有人了解砖块化学成分,这样才懂得制造砖块的最优材料是哪些。它需要有人了解制砖过程,这样即使他不认识材料,也能充分利用前一个人所选择的材料。它需要有人负责搬运和铺设砖块。它需要有工头告诉砖匠在哪儿砌砖,尽管工头自己不太懂得砌砖。它需要有承包商安排材料和劳动力的供应,确保完工。它需要有建筑师来规划房屋的实际外观和设计,尽管他对之前的细节不太了解。它需要有城市规划师来分配建筑。再往上,它需要有总规划师根据交通系统、人口分布和各个区域不断变化的经济状况,来决定扩建新城区的方向。

如上所述,建筑过程可以分为八层组织,每一层的输出都是一个单元,并将各个单元组合起来。系统对于单元具体如何组织没有要求,理所当然地将组织视为一个整体来处理。就砖匠而言,功能单元是砖块;就承包商而言,单元是劳动力、砖块和运输,这三者必须相互协调；就城市规划师而言，单元是完整的建筑。

要充分了解制砖的化学过程，就难以对建筑设计或规划达到足够的了解。而在某些情况下，其他组织层面也不得不考虑砖块的属性。例如，要是砖块很重，那么承包商在安排劳动力和运输时就必须有所调整。

每层组织都需要具备一些关于基本单元的知识，但透彻了解基本单元本身并不能得知更高级别组织的任何信息。只要基本单元的属性与使用相符，那么组织级别越高，基本单元的详细知识就越不相关。也就是说，总规划师其实可能并不关心建材是砖块还是混凝土。

三极管和晶体管尽管结构非常不同，但功能大致相同。对计算机而言，重要的是器件的功能而非结构。如果完全不知道三极管和晶体管之间的结构差异，就可能无法设计出整台设备，而忽略晶体管的热敏性也会给设计造成不便。但真正重要的是从广义上理解单元的基本功能。就算深入了解三极管或晶体管、掌握更多相关知识，也不能帮助我们搞清楚计算单元如何组成计算系统中更高级的组合。

同理，对更低级别的组织了解再多，也不可能进而理解更高级别的组织。即使低级别信息不可用，高级别信息也可能有用。政治家即便不了解制作核弹的相关物理过程，也可以决定是否投掷核弹；他需要知道的是核弹是否可用、是否能投至目标地点，以及核弹会对目标地点造成何种程度的直接破坏和长期破坏。

人类已经知道大脑神经细胞单元的某些普遍功能。在这个层级上，哪怕我们再深入了解，也不一定会得知这些单元更高级别的组织形式。同样地，要想了解清楚更高级别的某些普遍组织原理，未必需要深入了解基本单元。就系统整体而言，单元以何种机制执行功能并不重要，重要的是它们有何功能。

难点在于决定什么级别的结构最便于探索系统功能。如果分层太细、单元太小，那么我们可能根本无法概括系统的整体功能；如果结构级别太高，那么我们也许只能用不切实的泛用功能词来描述系统。例如，我们可能得出结论：大脑会处理信息或识别模式。在理想情况下，我们希望选择一种级别的解释，不仅能够充分解释我们的观察结果，还能够提供有用的预测。

预测是否有用也并非绝对，我们也许只能预测某个行为属于哪类，而非行为具体是什么。不过这仍然有所帮助，至少聊胜于无。

设想这样一个系统：你坐在桌旁，手里摇着骰子，时不时把骰子掷到桌上。根据这个系统的规则，你无法判断某个点数是否会朝上，或者会在何时朝上。尽管如此，你仍然能从系统规则中得知不少信息：你能够确定朝上的点数不可能大于6；只要掷骰子次数足够多，那么1~6的点数都会多次朝上。如果能够准确知道某个点数何时会朝上，那么掷骰子就能派上更大用场。不过，哪怕没有如此详细的说明，也并不意味着我们无法作出任何有用的预测。例如，我们能够预测所有点数朝上的概率相同。

再设想一个系统，其一级说明是：甲、乙两人从不同的两地出发。二级说明是：两人沿着同一条路从两地出发，朝着彼此移动。哪怕只看二级说明，我们也能够作出一些有用的预测：无论两人起点相距多远、移动多快，他们都必然会在某个地点、某个时间相遇。三级描述是：已知两人起点相距30英里[①]，甲于上午8点出发，以6英里/时的速度向乙移动；乙则于上午10点出发，以4英里/时的速度向甲移动。根据以上信息，我们可以预测两人将于上午11：48在距离乙起点的7.2英里处相遇。初看之下，这个具体预测似乎比"两人将在某地相遇的简单预测"更有用，但也许实际上并非那么有用。或许更重要的信息是：两人是死敌，根本不该相遇。在这种情况下，最好立即作出简单预测，而非在获取更多信息前无所事事。

---

① 1英里约等于1.6千米。——编者注

第 4 章
模型与符号

哲学的文字描述永远不会出错,因为描述对象是由描述过程创造而来的。"自我""意识""自由意志""幽默""动机""学习"和"洞悉"这类词作为编目有用,作为解释却无用。它们本身与描述对象一致,但不解释所描述的内容。

"自杀是人类的自我毁灭倾向所致。"初看之下,这句话似乎为自杀现象提供了有用的解释,但实际上呢?自杀显然是自我毁灭,这两个词都没用错。我们可以说某个物种的成员如果选择自杀,就是有自杀倾向。由于所论物种是人类,因此自杀倾向属于人类自有。那么"自杀是人类的自我毁灭倾向所致"这句话就只是说明,"自杀是通过人类自杀的事实来解释的"。

"自杀是通过人类自杀的事实来解释的"这句话,除了追加说明以外并未补充任何信息,但作为描述,它确实具有价值。它表明自杀可能不是一种异常行为,也并非由外部压力所致,而是体现了一种倾向,是构成人类系统的一部分。事实也许如此，但这句话只不过是描述，我们没理由以此为基础来构建更多描述，否则我们就终究是在用文字来追加说明文字，陷入一种非常复杂却几乎毫无用处的模式。

古人关于决定论、自由意志、责任和惩罚的一些论点表明，人类可能因使用文字而陷入困惑。其中一个论点是，如果某人行为坚决，那么他就无须对该行为承担罪责，所以惩罚他是不公正的。有人可能会说，惩罚只可能出于一个理由，那就是行为坚决。有人可能希望从行为人是否有前科来判定他是否对后果有所预料，进而判定他是否行为坚决，而这完全取决于个人为自我划定的界限：自我是否包括决定因素，还是应该与这些因素分开。

人类要取得进步，就要尝试摆脱那些描述事物本身的词语，仅把这些词语看作描述，包含于事物之中。例如，如果汽车的行为由其设计和发动机功率决定，那么描述汽车系统仍然需要用到文字；但文字依赖于汽车系统，而非两者相互依赖。

>>> 模型

如果用儿童模型玩具来组装一台起重机，那么这台起重机的运作方式将取决于所选部件，以及它们的组装形式。将所选部件组装在一起之后，整个模型将根据组装形式来运作。这时候，组装者不再控制模型，而是旁观模型。通常情况下，模型会按照组装者的预期运作，但也可能超出预期。组装完成后，模型便能够运作，看起来就像是拥有了生命一样。如果凭空想象一台起重机而非实际组装，那么这台起重机的各种行为就任由想象，但想象无法教会我们任何事，因为所有条件已经通过想象来满足。如果选择去组装模型，我们就要把各个部件合理地拼接起来，并从中学到知识。

模型只是某些关系或过程的排列组合，便于我们研究系统的实际运作。在模型中，关系和过程保持不变，但相关事物可能会变化。例如，要研究威斯敏斯特教堂的比例，不妨先给它拍一张照片作为模型，其中各个部分之间的关系保持不变，但教堂整体变成了平面上的形状。用木头或纸板搭建的模型则更好，可以还原更多结构关系。

所有模型都是用另一种方式来展示结构关系的。例如，地图是将城镇关系转移到平面上，便于浏览。事物转化为模型之后，我们就能从中得知该事物可能发生的情况。例如，物理学将亚原子粒子的路径转为可拍摄、可测量的"泡泡串";手表将时间转为两块金属之间的相对位置;所有科学测量仪器都只是将某种现象转为易于解读的其他事物,包括平面曲线、表盘指针和印刷图形;书本将思想转为能够长期保存的黑白文字或图案;金钱将工作转为酬金。

所有这些转换都是通过搭建模型来展示过程或关系,便于我们处理和检查。例如,温度计是将环境温度变化转换为平面波浪线。模型让所有信息一目了然,因此最便于时间与空间之间的转换。

某些正在运作的模型,也许刚好便于我们审视它们的实际运作过程。模型仅仅展示了事物各个部分之间的关系,实现模型运作的是在一旁观看的组装者。例如,在纸上表示圆锥投影的线条也就只是线条,从中算出圆锥截面的是一旁的看图者。

儿童制作房屋模型时,可能会从纸板或纸箱上剪下整个房屋形状,或者使用现成的塑料积木,这些积木可以搭建成任何形状的模型。儿童所要做的,就是按照自己喜欢的设计,以特定的方式把积木搭建起来。

其他模型也是如此。我们可以制作特定模型来适应情况,也可以制作多用途的模型来组成工具包。数学就是一个最典型的工具包,其规则就是多个事物以某种方式组合在一起。人们遵循数学规则来计算出结果，再切换到现实世界看看会发生什么。数学就是一个由纸笔构建的模型，一个遵循某些规则的系统。

❯❯❯ 符号

任何符号系统都是模型构建系统，数学恰好就是一个符号系统，人们对此已经拥有大量使用经验。也就是说，人们已经非常擅长识别特定类型的模型，而且知道如何使用它们。另一个具有自己运作规则的符号系统则是常用语言。

符号看似任意，所以人们往往难以理解它们在思想发展中有多重要。符号更像是儿童的积木玩具，如果设计得好，那么它们搭建起来就非常灵活。烦琐的设计可能反而无法玩出较多花样。

数学的发展因希腊人和罗马人所用的烦琐符号而延缓了很多年。罗马数学适用于加减法，但不适合乘除法；阿拉伯数学则强调符号的位置和形状。此外，"零"的发明对数学的发展提供了巨大帮助，然后十进制符号的发明又进一步简化了计算过程。

笛卡尔发明了坐标系，因此几何数学才得以发展；

牛顿和莱布尼茨发明了微积分，但牛顿的符号比莱布尼茨的符号烦琐很多，因此后者取得的进展更大。数学令人惊讶之处在于，上述每种情况中的基本原理都相同，只有符号不同。

不同类型的符号对于数学发展的影响都非常明显，语言符号也可能发挥巨大作用，但效果没那么显而易见；选择方便的符号才更便于我们验证各种想法。符号对交流的影响更重大，符号越复杂，我们需要的学习时间可能就越长，因而教育时间可能就越长。

符号的逻辑是把语言符号化，继续发展语言，为数学计算提供便利。语言符号无论是视觉符号还是听觉符号，可能都有待发展。例如，语言似乎尚未发展出数学中的"零"。

符号的形状相当任意，而且符号要被使用才能发挥作用，除了上述内容以外，符号甚至可能看起来微不足道，就像选择某个语言看起来比使用该语言所说的话重要得多。但实际上，符号非常重要。符号及其规则本身就是一个模型，而模型运作的流畅程度则决定了使用者能够对现实世界探究多少。就拿飞机来说，几乎没人会使用黏土制成的飞机模型来研究飞行技术。

≫ 本书中的模型与符号

在本书中，大脑系统的功能并非单纯通过文字来描述，还通过模型运作来说明。本书构建模型来模仿大脑运作，然后探讨其功能，探讨各种过程和关系组合在一起会发生什么。我们没必要没完没了地咬文嚼字、凭空创造或提供辩解，词语只是用来描述模型的行为，而模型与词语本身无关。

这些模型简单地展现功能，告诉我们其中有哪些易于遵循的基本流程。诚然，这些模型所展示的许多过程和关系很易于用数学模型来展示，但这可能仅限于善用数学的人，其他人可能更易于理解果冻那样的模型。过程本身可以由任何人来描述，本书提供模型以方便读者将它所代表的系统具体化，从而在大脑中研究。

数学可以用来处理事物之间的关系，如果物理模型遵循某些数学规则，那么它们实际上也是数学模型。真正意义上的数学不仅仅是纸上符号的排列组合，例如，巨石阵就是一个数学模型，金字塔可能也不例外。

与单纯的描述相比，可把玩或观察的模型优势巨大。描述只是用一种特定方式来看待事物，说明人们当下注意到的事物、当下有意义的事物。而实体模型包含了我们随时可能注意到的所有事物，让我们可以从各个视角进行观察；如果要改变视角来观察模型的不同面貌，我们只需要转动模型。

图 5 展示了一个简单的物理图形，可以描述为"L"形。这个描述足够充分，但用处还是比实体模型少得多。有了实体模型，我们才能够一次次重复观察它的长度、宽度和方向。诚然，所有这些信息都可以用详细的文字来描述，但这样会很枯燥。用模型来展示信息，仅根据需要来查看模型，效果要好得多。

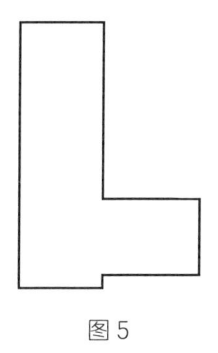

图 5

本书介绍了一些新符号，发明这些符号是为了简化描述，否则某些过程和关系将难以描述。其他符号都需要我们经过学习才能使用，本书的新符号可能也需要我们花一些时间来适应，不过一旦我们熟悉这些新符号，事情处理起来确实会更容易。

▶▶ 模型与大脑

行为能够模仿，并不意味着模仿的机制与行为背后的机制相似。本书认为信息处理系统的行为可能类似于人类大脑的行为，但这并不能证明大脑中一定存在类似的机制。不过模仿大脑的行为可能很有用，原因有以下几点。

1. 本书所述的信息处理机制本身也许很有趣，它能够通过基本运作来有效地处理信息，向读者示范了一个自教育兼自组织的系统是怎样运作的。

2. 这个信息处理系统能够进行的过程包括"引导注意力""思考""学习"，甚至"表现幽默"等，这些过程以及其他相关过程通常被归为人类的天性。它们完全可以由机器模仿，而且机器是被动运作的，这一点必然会改变人们以往的观念：人类大脑是以某种神奇独特的方式运作的。

3. 这个系统总体而言非常高效，但它也存在某些固有缺陷和局限，因而会在信息处理过程中出现某种错误。这些错误无法避免，而且贯穿系统的思考过程。信息处理系统可能存在固有错误，这个想法也许与系统本身无关，而与我们的思维有关。

4.这个系统提供了一种关于机制的哲学,不同于我们常听到的大脑运作理论。这种哲学就像神话(或者"荒诞模式")一样,可以作为一种思想供我们参照,无论其真实性能否被验证。

5.到目前为止,这个系统最重要的功能是提出明确的想法,然后验证自身。这些想法是否有效,并不能通过它们的产生过程来验证;不过想法一旦出现,就有可能证明其自身是有效的。

6.尽管我们无法去证明该信息处理系统与大脑系统一致,但有证据表明两者可能一致。两种系统的实际细节可能不同,但大体上相同。本书将在后文讲述,信息处理系统的功能单元与大脑运作的功能单元有何相似之处。

本书对信息处理系统的描述,应该能够激发读者对"大脑的运作取决于自身结构"这一观点进行思考和深入探究。

对此,有人会联想到拥有记忆功能的计算机,而计算机就是人为模拟机制性过程的示例。本书同样是进行模拟,使用模型来模拟和说明大脑行为,因为目前尚无其他说明方法。不过,模型与大脑的行为相似也并不能直接证明两者的机制相似。

第 5 章
记忆痕迹与记忆表面

>>> 记忆

某事发生,然后并未完全消散,留下的轨迹就是记忆。这条轨迹未必存在于某个地方,也未必能够说明发生了什么。

如果你穿过一扇旋转门,而且门会自动在你身后合上,你就不会记得发生了什么;如果你穿过一扇普通的门,让它在你身后保持敞开,那么这扇敞开的门就是你走过的记忆。

如果一只狗踏过地毯走出房间,那么除了它敏感的嗅觉所闻到的气味以外,房间的存在没有在它身上留下任何记忆;如果狗还在地毯上留下了泥巴脚印,那么记忆痕迹才更明显。

印度餐馆可能是为了让菜看起来分量大,所以故意选用较小的盘子;也可能是菜的分量真的很大。就算你的吃相不狼狈，也难免在桌布上留下咖喱渍，这也是一种记忆痕迹。

桌布上残留的咖喱渍是一种表面痕迹，是我们最熟悉的一种记忆形式。这类记忆痕迹还包括书法、绘画和照片等。

无论是一扇敞开的门、地毯上的泥巴，还是桌布上的咖喱渍，单凭这些信息都无法说明事情的来龙去脉。门可能是被风吹开的；地毯上的泥巴可能是猫留下的，也可能是现代室内设计的装饰；咖喱渍可能是黑猩猩弄上去的。但这也无法阻止敞开的门、地毯上的泥巴和桌布上的咖啡渍成为记忆，因为记忆未必能够说明其成因。解读或回读记忆可能并不容易，可能产生谬误，甚至可能根本无法做到。但只要有某些事物让我们尝试回忆，那么记忆就存在。

照片是在平面上排列的银颗粒，这种排列就是关于拍摄对象的记忆。照片通常是很好的记忆手段，而且不难解读。即便如此，解读照片仍然需要经验。如果将照片展示给从未见过任何图像表征的原始人看，他们根本无法理解这些构成照片的光斑和影斑。

完美的记忆痕迹完全无须解读，因为记忆实际上是在重新创建成因事件，录音就是一个典型示例。录音过程是将时间模式转换为空间模式；时间模式无法保存，而空间中很多模式都易于保存。除了模式以外，声音与在塑胶盘上排列的小凸点或磁带上的磁化，在物理上毫无相似之处。然而留声机或录音机能用这些排列来复现产生它们的声音，堪称一种完美的记忆系统。

如果记忆不完美，我们就只能凭借弥留的事物来猜测之前可能发生过什么。能有一张拍摄到足够信息的照片，我们就无须挖空心思去猜测。敞开的门、地毯上的泥巴和桌布上的咖喱渍，这点儿信息都让我们不得不在猜测上加把劲。

有了经验或其他线索，猜测起来就更容易。例如，我们了解门闩及其功能后，可能会排除门被风吹开的可能性；得知餐馆信息和黑猩猩稀少的事实后，会猜测即使餐桌礼仪并无大异，桌布上的咖喱渍也较可能是人类顾客留下的；地毯上泥巴的某些排列组合表明，这是动物的足迹。如果还能在某个角落发现脏乱的痕迹，我们就能够解读出更多信息；如果你具备一些追踪经验，那么你也许能够区分猫和狗的脚印。无论是哪种情况，发现并追踪与记忆本身完全不同的事物，都能使记忆解读变得容易。

因此，追踪记忆无须专门提供信息来派上用场，它本身可能毫无用处，却在拼入某个普通画面时非常有用，正如那些精彩的侦探小说。某事发生，然后尚未完全消散，就足以成为记忆。

▶▶ 不太明显的记忆

人们通常认为记忆是记录在空白表面之上的，就像我们用新的胶卷来拍照那样，这种记忆很容易被我们注意到。但有些记忆可能只会改变已经发生的事。

例如，画家正在画一幅肖像画，这时他的孩子去摇晃他的手肘，那么画布上留下的颜料就是手肘被摇晃的记忆。这串颜料可能是一道明显的曲线，也可能是肖像画中一只变形的耳朵。曲线易于被发现和解读，而变形的耳朵同样是真实的记忆，却难以解读。然而，大多数记忆都是过程中发生的变化，而非单独存在的痕迹。

还有一种记忆更不明显。我们并非总是期望记忆能回放它所记录的事件，但确实期望它能提供关于该事件的一些线索。然而有些记忆痕迹会遁于无形、无法回读，那么发生过的事情就会比较容易再次发生。

例如，如果你的肩膀脱臼了，那么伤势愈合后痕迹就无处可寻，就算用 X 线也照不出来。然而，肩膀却更容易再次脱臼，而第二次脱臼又会增加第三次脱臼的可能性，以此类推。肩膀脱臼的记忆痕迹会随着次数的增加而积累，最终你可能不得不做一次矫正手术来治疗肩膀。这种促进效益来自一种隐藏记忆，这种记忆不会表现出来，而是为往事提供复发的趋势。

在某种程度上，这种促进记忆也是主动的，因为它不仅仅是被动地表明事件发生过，实际上也在促进该事件复发。

我们可以用塑料卡扣类的儿童积木搭建这种记忆的简易模型：如图 6 所示，把积木堆成几根柱子放在一块板上。如图 7 所示，抬起板的一端，让板逐渐倾斜，那么在这个过程中，一根或多根柱子会在某一刻倒塌。由于这是一个人工模型，因此我们可以人为添加行为规则：每有一根柱子翻倒，落下的积木就会累加到后面的柱子上。那么每次把板的一端抬起来，一些柱子就会越叠越高、接二连三地倒塌。这时候，有些柱子比其他柱子更高，会先倒塌。也就是说，累加的积木越多，柱子就会越高、越有可能倒塌。同时，矮柱倒塌的概率越来越低，因为板只要倾斜一点，高柱就会倒塌。根据这个模型的规则，发生过的事件会促进该事件的再次发生。这个模型还表明了其他非常有趣的原理，将在稍后讲述。

图 6

图 7

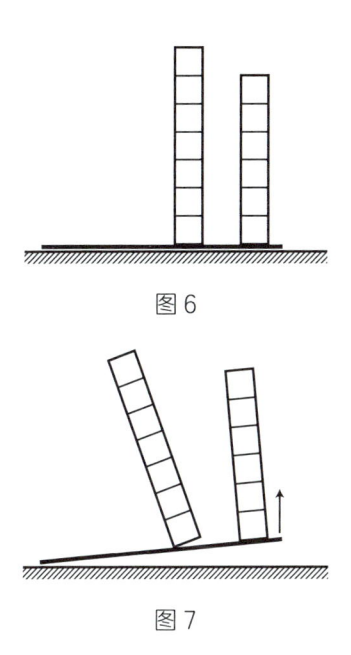

>> 时序

如果用手抓黏手的面包吃，那么吃完后手还是黏的，这是面包留下的短期记忆痕迹。而胃可能会满足好几个小时，这是面包留下的较长记忆痕迹。如果体重还增加了，那么这就是面包留下的长期记忆痕迹。

短期记忆只是事件在时间维度上的一小段延伸，但如果它使得两个原本完全独立的事件交互，那么这段延伸哪怕很短，也可能是有用的。

海滩上的脚印很快就会消失。如果你去海滩约会迟到了，去到海滩时没看到对方，你就无法判断对方是来了但走了，还是根本没来过。但如果海滩上有脚印，那么你就知道对方大概等了多久。夏天被太阳晒黑也是一种会很快消失的短暂记忆痕迹。尽管如此，度假回来后肌肤变成古铜色的女士可能会吸引到爱慕者，并给他们留下长期记忆痕迹。短期记忆则只是将事件的影响扩展到事发时间之外。

≫ 回放

我们其实都希望记忆能告诉我们发生过什么事，成因是什么。在可能的情况下，我们实际上是强迫记忆去重新创建让它成为记忆的事件。我们用拾音头去读取留声机唱片，让它通过塑胶凸点的排列组合来重新创造令我们享受的声音。我们身处于记录的范畴之外，所以这是我们的利己之需。

如果留声机唱片有灵魂和意识，它可能就会懒得播放音乐，可能会自己创造音乐，而无须去读取记忆痕迹。唱片的灵魂只会在最初形成的凸点上意识到音乐，这些凸点就是它对音乐的唯一反应。一旦凸点形成，重复读取就会复现音乐，而唱片可能会"自言自语"，"啊对，这是贝多芬的《第五交响曲》"，或者"这是披头士乐队的歌"，因为它识别出了不同的凸点模式。但是因为我们不考虑记录的"意识"，所以才会使记录被动地取悦我们。

例如，一位朋友刚结束一次有趣的国外旅行，大家都围着他问问题。那么出于大家的兴趣，他需要回忆旅行经历。就这位朋友而言，他对事件的记忆并非取决于他谈论这些事件时所说的话。

如果说桌布是一种意识的表面，那么咖喱渍就是桌布感知上面发生的事件的方式。这是一种有限的意识，只能够拥有一点感知，例如：什么都没有发生，沾了一点咖喱渍，沾了大量咖喱渍，或者几个不同的位置沾了咖喱渍。而且这种模式可能会重复，每当桌布沾上咖喱渍，桌布就会识别出自己之前沾上咖喱渍的过程；就算沾上的污渍并非咖喱渍，桌布可能也会将事件识别为沾上咖喱渍的情况。

记忆就像是拥有"意识"和"感知"一样，无须去回放自身以外的内容。

盲人可以通过声音来判断是否有人与自己同处一室。如果可以用另一种方式（例如非常好的收音机）复现当时的声音，那么即使盲人不在房里，他也能判断当时是否有其他人在。他不会只是猜想当时的情况，而是确切知道，因为每次播放收音机，他听到的声音都是一样的。

用照相机去拍摄一只骆驼，那么相机底片表面的明暗分布就是它对骆驼的所有反应。要是骆驼不在场，我们也能通过其他方式制作出完全相同的图案，那么底片就毫无特点了。就算用底片从另一张照片上复制相应的明暗模式，底片对骆驼的体验也是完整的；如果底片上的明暗模式逐渐从其他形象变成骆驼，那么底片就相当于突然体验到了骆驼。

如果一件事导致某种模式形成于记忆表面，那么再次激活这个模式就会复现形成模式的那件事。我们可能会忽略自己需要去回忆，忽略外界也需要使用我们的记忆。

>>> 储存记忆

不同的记忆是不同的事物所留下的模式。想要识别各种事物，就必须将记忆痕迹区别开来，以便单独使用。那么，怎样的系统可以用来储存成千上万条记忆轨迹呢？在记忆表面上，每条记忆轨迹都是独一无二的模式。储存这么多模式需要多大的表面？

图 8 展示了几个方框,我们可以使用这些方框来代表两种模式:有叉叉的方框和没有叉叉的方框。2 个方框可以拼出 4 种模式,3 个方框可以拼出 8 种模式;每添加 1 个方框,可以拼出的模式就会翻一倍;而 9 个方框(拼字游戏的网格)就意味着有 512 种叉叉分布模式。

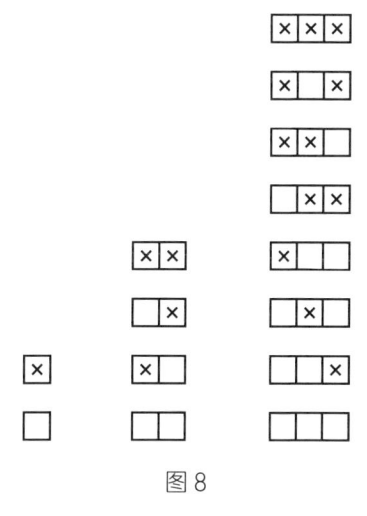

图 8

假设把这些由细线构成的网格转移到相机底片表面,底片上每个网格方框都根据显像过程呈现出深色或浅色(重叠部分则要么是深色,要么是浅色)。那么只要拍摄角度和距离不变,通过分配每个方框的颜色深浅,我们就可以表示出上亿个不同的物体。也就是说,只要画面落在底片上对应的位置即可。给骆驼拍照,底片上会形成一定的明暗方框模式，构成骆驼的影像。在底片上形成的任何其他影像也同理，每张照片的影像都能以明暗方框的模式来表现。如果记忆表面上可识别的独立方框数量足够多，那么该表面就可以接收大量不同的模式。

但以上描述只不过是一种冗长的说法，简而言之就是：拍照可以记录大量事物，每个事物都可以在照片上留下独特的影像。我们可以把任何照片想象成由小方框或其他单元组成的模式，而记忆表面接收模式的能力不变。这些方框表明，任何能够接收可识别影像的记忆表面都能够接收大量的此类模式。

将底片表面划分成多个方框，该表面能够接收到的影像也不会变多，但便于我们思考记忆表面上的各个点发生了什么。我们可以假设任何能够记录影像的记忆表面都由方框或其他单元构成，只要每个单元能够改变状态就够了。改变至少要分为两种状态，而且两者能够相互区分开来。如果单元是网格方框，那么它们可以分为有叉叉或无叉叉；如果单元是底片色块，那么它们可以分为暗色或亮色；如果单元是灯泡，那么它们可以分为点亮或熄灭。

只要单元的数量充足，并且每个单元能够处于两种状态之一（也就是能够改变），那么它们就可以构成一个记忆表面，记录大量不同的模式，就像普通的相机底片一样。

稍后我们将探讨模式如何储存为单独的记忆。为了便于描述，我们将记忆表面划分为多个相互独立的单元。为了便于想象，我们假设这些单元分布在平坦的表面上。单元的变化能够表现出来，它们所组成的平面叫作"记忆表面"。

功能性关联

记忆表面上的每个单元都有特定位置。如果单元是灯泡，那么指定位置的灯泡亮起就会形成一个图像。在二维空间中，每个单元的位置由它们与周围单元的关系而定。

正是空间中的这种固定关系，让记忆表面得以记录和保存影像。如果这些单元在接收到影像前后四处游荡，那么影像就会碎裂。

与任何单元关系最为密切的，都是空间上离它们最近的单元。除了说它们空间相近，还可以说它们较能产生共鸣，这是功能性关联的另一种说法。

如果你和朋友去看足球比赛时被人潮冲散，你可能就会发现自己站在"脚下的立场"，周围的人是你在空间中的"邻人"，但分散在人群中的朋友最能与你"产生共鸣"。

走进伦敦地铁站,你会发现自己被人群包围,他们都是你在空间中的"邻人"。同时,人群中的每个人在功能上都与其他许多人相关,然而在此刻,这群人中的部分人根本不是某个人的"空间邻人"。他们只是在功能上相互关联而进行着交流。实际上,单元并非始终通过引线来相连,也可以通过功能来实现等效交流,例如电话号码、地址、姓名与亲切感等功能。

在平坦的相机底片上,每个单元都有"空间邻人"。在地铁站或足球场的人群中,每个单元也都有不同于空间邻人的"功能邻人"。

取 9 个点来制作一个简单的模式——如图 9a 所示,每个点代表一个实物,例如茶杯。现在把松紧带系到茶杯把手上,松紧带代表交流线路或功能关系,目前它们之间的功能关系与空间关系完全相同。然后把茶杯随意弄乱。松紧带的伸展和位置发生变化——如图 9b 所示,空间关系被打乱,但功能关系完全不变。

假设我们把混乱的茶杯摆放整齐,使其功能关系与空间关系看起来一致。然后我们可以忽略它们的功能关系,只看相对简单得多的空间关系。

根据本书的所有模型和描述,记忆表面是具有空间关系的平面。

图 9a

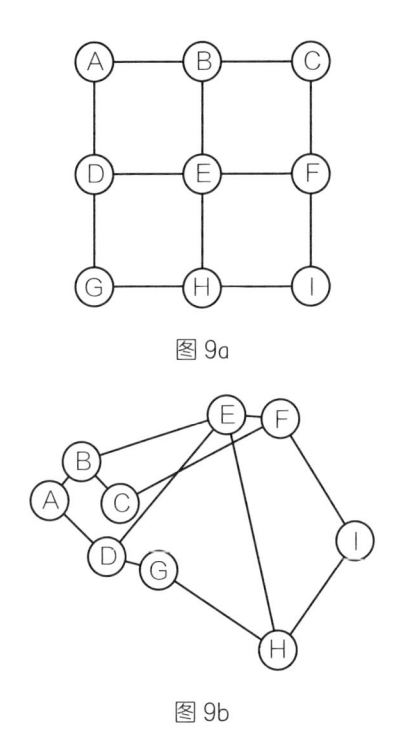

图 9b

这个设定下的所有单元也都具有功能关系。功能关系仅代表交流线路，而交流线路仅代表共鸣。因此当某个单元发生某事时，任何其他功能相连的单元都会感受到该事的发生。

现在我们可以暂且忽视功能关系，回到只有空间关系的简单记忆表面，其中每个单元都与"邻人"相连。

》》记忆表面的好与坏

拍摄一张照片时，我们希望得到一张好的照片，希望胶卷会真实地复现所拍对象。假设你从国外旅行回来，发现相机中的胶卷起皱了，扭曲了你拍摄的所有影像；或者发现胶卷上的感光乳剂有问题，导致每张照片只有一部分能显示。于是你非常恼怒：胶片本应该是良好的记忆表面。讲到目前为止，我们一直假设记忆表面表现良好，能够忠实地记录环境呈现给它们的画面；假设记忆表面是被动的，以中性的态度接收画面，而不会改变画面。

然而，起皱或起斑的胶卷是另一种记忆表面，具有自己的特征，会导致接收到的图像发生变化，不再纯粹而精确地复现图像。

如果你走过一块沙地，每隔 1 秒丢下 1 粒弹珠，那么这些弹珠就会在沙子上形成一串图案。此时，沙地就是记忆表面，掉落的弹珠则是记忆痕迹，从中可以得知你行进的方向和速度（从弹珠之间的距离判断）。图 10a 展示了弹珠可能形成的分布。现在我们假设脚下是一块波纹表面而非沙地，其横截面如图 10b 所示。如果你以某个角度穿过这个波纹表面（如虚线所示），并以同样的方式丢下弹珠，那么这些弹珠会形成一个完全不同的图案。你走路和丢弹珠的方式与之前相同,图案发生变化是因为记忆表面对弹珠的回应不同,而非仅仅在落点接收它们。波纹表面改变了弹珠触地的模式,展示出了别样的图案,就像你去国外旅行拍的照片被扭曲了一样。如果你对波纹表面的性质一无所知,而只看弹珠的落点,那么你可能会以为自己是曲线行进,以为是自己把路走歪了,如图10c所示。

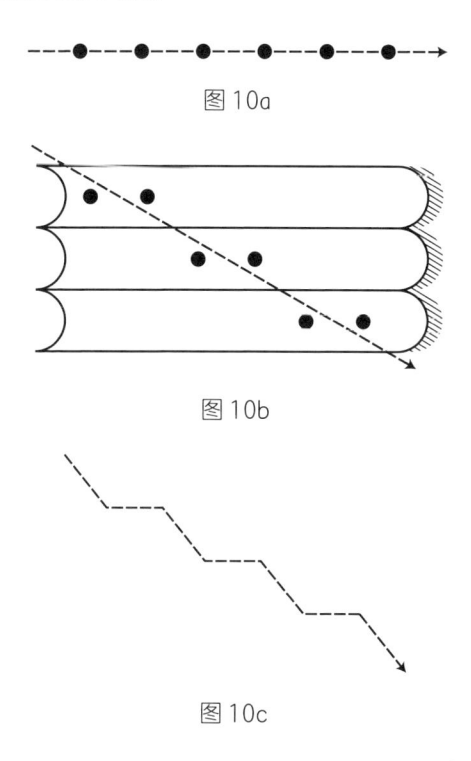

图10a

图10b

图10c

假设你脚下的表面既不是沙地也没有波纹,而是混凝土。那么,掉落的弹珠会随机地反复弹起、满地滚动,他人将无法从中识别任何关于你行进路线的信息。

图 11 展示了上述三种情况的弹珠分布。第一个图案由理想的记忆表面形成;第二个图案由一个不同的记忆表面形成,它对接收到的物质作出了不同的反应;第三个图案由另一个不同的记忆表面形成,它也对接收到的物质作出了反应,但反应完全随机。

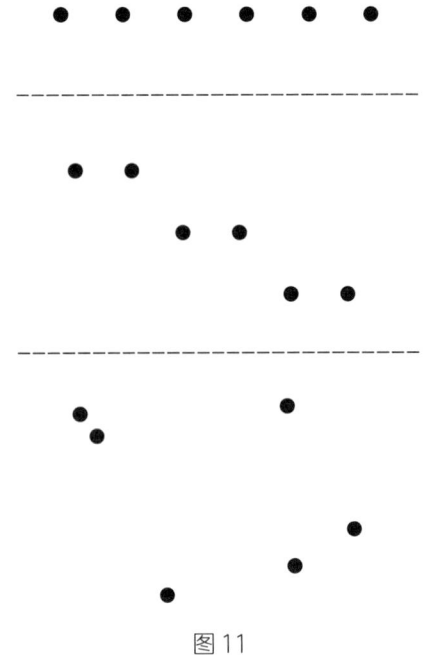

图 11

良好的记忆表面能够准确地复现落在自己身上的事物，糟糕的记忆表面则会呈现不同的事物。落在记忆表面上的事物与该表面返回（或原地保存）的事物之间的区别，取决于该表面对物质的反应。事物由记忆表面改变和处理。

糟糕的记忆表面非同寻常之处在于，它们在处理信息方面可能比良好的记忆表面更有用。良好的记忆表面除了储存信息之外可能什么都不做，需要另一个系统来整理和处理信息。糟糕的记忆表面却能够同时处理信息，就像一台功能完整的计算机。

糟糕的记忆表面可能有两种糟糕的表现：扭曲和残缺。扭曲是指把事物轨迹推来推去，导致事物的重点改变，还可能导致单元之间的关系改变。残缺则是指遗漏事物的某些部分。矛盾的是，这种缺陷非常重要，因为如果有些部分被遗漏，那么另一些部分必然被保存了下来。也就是说它进行了筛选，这是最重要的信息处理手段。

大脑之所以效率高，可能并非因为它善于计算，而是因为它有糟糕的记忆表面。我们甚至可以说，大脑的功能就是犯错。

第 6 章

不同世界，不同规则

信息落在糟糕的记忆表面会怎样，取决于该表面的性质。"记忆表面的性质"是指它会产生的所有行为和行为规则，它们共同构组成一个特殊的宇宙。

宇宙的运作遵循它特有的规则，在其中发生的任何事情必然根据它的规则来发生。这些规则不是任意的，而是宇宙的排列组合方式，由宇宙的性质决定。

《大富翁》游戏是一个宇宙，其中会发生复杂的事情。虽然这个游戏世界与现实世界有所相似，但前者受制于特定规则。国际象棋也是一个宇宙，其中也有一套特殊的规则决定着事情会如何发生。

在我们所知道的世界中，我们如此熟悉那些支配着事物发生方式的规则，以至于难免去假设这些规则肯定适用于其他世界。如果你松开手中的瓶子，那么瓶子就会掉在地上；但在其他宇宙中，瓶子的行为可能会有所不同。例如，瓶子可能会仍然漂浮在你松手的地方，而在另一个宇宙中，瓶子可能会向上移动。在不同宇宙中，瓶子的行为都遵循不同的规则。

一个人把盘子放在桌上，是希望它一直待在那里，直到有人把它拿起来或发生其他事情。如果房间上锁，那么这个人在几年后回来，仍然可以看到放在桌上的盘子。他知道这个世界的规则，因此理所当然地认为盘子还在原地。但我们也可以去想象，不同的宇宙遵循不同的规则。例如，一个高度人工化的宇宙可能由温室组成，其中万物都是冰做的。在这样的宇宙中，我们理所当然地认为任何物体都不可能永存：放在桌上的盘子会消融，而桌子也会消融。

我们所熟知的宇宙拥有三个维度，而且我们认为这也是理所当然的。在二维宇宙中，事物会如何发生？一切都是平面，与三维宇宙相差甚远，但在二维宇宙中发生的事情符合二维宇宙的规则。普通的拍照是将三维宇宙转换为二维宇宙，电视屏幕也是如此，但两者都并非真正意义上的二维宇宙，因为它们仍然允许第三维度的存在。如果某人走进电视屏幕上的房子，我们不认为他会与房子本身合为一体，除非那是二维宇宙。在二维空间中，事物不存在"前面""后面"或"里面"。

难点在于，我们要认识到在不同宇宙中规则的排列组合也不同。我们必须尝试发掘宇宙中有哪些规则，才好理解其中事物的来龙去脉。假设它们是根据我们最熟悉的宇宙规则而发生，并尝试以此描述事物，这么做并无多大帮助。判断一个宇宙中是否存在持续的行为规则，它们是否构成了自己的世界，这才是棘手之处。规则由系统的组织决定，一个系统中的实际物质可能仍然遵从另一个系统的规则。这就是为何在不同的社会宇宙中，人们大体上相同，但遵从的规则可能差异巨大。

尝试用一个宇宙的规则来解释另一个宇宙的行为，会频频受阻。例如，解释起来可能非常烦琐，或者如此解释可能毫无意义。那些不遵循《大富翁》规则，而是根据现实经商规则来玩这个游戏的玩家，可能就属于这种情况。

尝试将新宇宙中发生的事情转化为旧宇宙的概念，也会遇到困难。例如，人们试着在二维地图上表示一个三维地球时，格陵兰岛和西伯利亚看起来如此辽阔，是因为图像发生了扭曲。想必这个画面大家都十分眼熟。

我们需要认识到其他宇宙的存在，并了解其中的特殊行为规则，我们就可以根据这些规则来理解其中发生的事情。宇宙的规则由这个宇宙的组织决定，我们只有认识到这一点，才能够了解这个宇宙。

前文指出，记忆表面对接收到的物质作何反应，取决于该表面的规则。反过来，规则又取决于该表面的结构。记忆表面其实就是一个宇宙，在其中，事情只能以某种方式发生。在这类宇宙中所发生的事情，无须平行于任何实体宇宙甚至是我们所熟知的宇宙。我们也无须理所当然地认为这类宇宙只可能发生这些事，因为我们与它们都在发展。

第 7 章
聚乙烯模型与大头钉模型

根据前文所述,有些记忆表面不仅被动地记录落在自己身上的信息,而且还会改变这些信息。这类记忆表面简单而有趣,我们可以用聚乙烯和大头钉来制作它们的模型。

如图 12 所示,我们将一些大头钉钉在白板边缘,让它们相互之间保留足够的距离,能够垂直地钉紧白板。然后,在大头钉顶端铺一层薄薄的聚乙烯,覆盖整块白板,我们就做成了一块记忆表面。这个表面所接收到的信息,就是喷洒到聚乙烯层的有色液滴,就像光影在胶片上留下记忆痕迹一样。

在聚乙烯与大头钉的模型中,有色液滴是高度随机地喷洒在整个表面上的,我们未做任何尝试去形成图案。但即使喷洒非常随意,最后我们还是会看到一定的色池在白板上形成图案,如图 12 和图 13 所示。这个记忆表面看似非常活跃,通过随机输入的信息创建了一个模式。

图 12

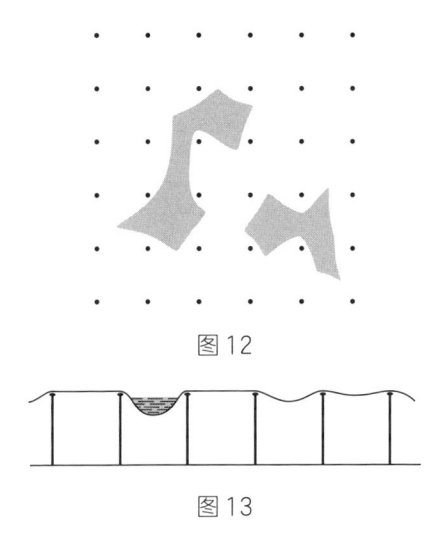

图 13

然而在现实中，无论我们多么努力去随机输入信息，输入都不可能完全随机。某些区域的喷洒量可能大于其他区域，喷洒时间还可能早于其他区域；聚乙烯层可能根本就没有水平放置；大头钉可能没有等距分布。所有这些变量都非常小，但足以造成喷洒不均匀。此外，喷洒液体的重量会压低落点的聚乙烯层，导致周围的液体流入凹陷处，并把凹陷处压得更深。凹陷越深，流入其中的液体就越多。所以喷洒最终会形成明显的色池，而非整个表面上显色均匀的色层。

这类记忆表面相当特殊，尽管它们不能凭空创建模式，却能把微小的差异放大很多。它把不稳定的小表征建成大胆明确的模式，也就是说，这个系统会强化和明确信息。

有趣的是，记忆表面实际上没有主动做任何事，整个过程都是被动的。例如，弹珠落在不平整的表面上就会发生位移，会因波纹而形成另一种图案。而在聚乙烯和大头钉的模型中，组织图案的不是聚乙烯层，而是液滴。这个系统能够让信息自行组织，并让信息自行最大化。聚乙烯和大头钉的排列组合只是允许输入信息自行组织；其记忆表面没有主动处理信息，而是被动地为信息提供自行组织的机会。

我们再进行第二个实验，这次液体并非随机喷洒，而是以某种方式落下。液体滴落到一个大罐子中，最终可能滴穿罐子底部，而这些孔洞则会形成图案。液体通过孔洞滴到聚乙烯表面上，形成了类似于大罐子底部的图案。由于液体无法在大头钉顶部汇流成池，因此最终形成的图案可能会有所不同。但总的来说，记忆表面接收到液体时就已经开始记录过程、形成图案。

如果在已经形成其他图案的聚乙烯表面上，将液体按照上述图案滴落，那么结果可能又会有所不同。如果新的图案模式与已经形成的图案不一致，那么后者就作为原始记忆表面来接收新的信息。但如果新模式的一部分与旧图案相同，那么输入的信息可能会发生很大变化。光滑的记忆表面在形成图案后，就有了轮廓：既有谷地和池子，也有液体无法聚积的山脊和丘陵。那么输入的液体落在轮廓上时，必然会沿着轮廓而流淌，从自己原本应该停留的位置转移。液体会从山脊流入谷地，由此可见，如果我们试图在已经建立模式的记忆表面上强加另一个模式，那么新的模式不会被记录，但旧的模式会被加深（图14）。

图 14

上述记忆表面的行为说明了旧模式与新模式会如何交互，以及旧模式其实能够决定记忆表面如何接收新模式。这还可能说明，记忆表面只能根据旧的模式接收新的信息。

新模式与旧模式相似并且能够加强旧模式，这一点可能非常实用。这意味着新模式没必要通过完全复刻旧模式来巩固旧模式。如果在特殊记忆表面上，不同的模式或相同模式表现得足够相似，那么它们会被该表面视为相同。输入的信息即使看起来非常不同，最终也会确立和巩固旧模式。并非表面本身在处理输入的模式，而是旧模式本身改变了表面。也就是说，是表面对旧模式的记忆在处理新模式。

这类系统有一个明显的优点，那就是其中的事物以一种有用的连续性不断地积累，缺点是要改变旧模式会非常困难。既定模式就像雨水冲刷土地表面而形成的山川河流，此后无论雨水落在何处都会自行汇流。也就是说模式一旦形成，往往就会自我延续。

聚乙烯和大头钉做成的记忆表面并不处理输入的信息，但为信息提供了自我处理的机会。这个记忆表面的总体行为，是通过可能相当混乱的信息来确定模式，然后强化、确立和巩固这个模式。也就是说，该表面的行为是让输入的信息自行组织，同时让既定模式来引导组织。总而言之，这种记忆表面是一个自组织系统，会让信息自行最大化。

我们可以把这种普通的记忆表面称为"优选表面"，往上面随意喷洒的液体会均匀地润湿表面。但液体会在优选表面上形成一些凹陷，引导其余液体汇流其中。也就是说，该表面的某些区域会成为输入信息的优选地。

第 8 章
群灯模型

在聚乙烯和大头钉的模型中，记忆表面处理了接收到的信息。在处理过程中，液体没有在接触点停留，而是流过表面的轮廓，再流入水平的凹陷处。液体不仅流动，还改变了表面的轮廓。液体在移动意味着输入的模式在移动；输入的模式在移动意味着表面的模式发生了改变；表面的模式改变则意味着表面会处理信息。这就像是试着给骆驼拍照，但每次相机底片上的模式都会改变，最终可能呈现出金字塔的影像。也就是说，底片会处理骆驼的影像，转而呈现金字塔的影像。

记忆表面上的活动基本上就是信息的流动，这是指信息从一个区域流向另一个区域。液体趋于向下流动，要是把这个过程称为"功能"，读者可能就不好理解了，所以本书说的是液体会优先选择某个区域。记忆表面上信息的自然流向取决于表面的轮廓，所以信息会优先流向其中的某些区域。

现在我们可以尝试，将这种流动原理以及聚乙烯和大头钉记忆表面的常规行为视为一个新模型。

有些广告展示牌由成千上万个单独的灯泡组成，点亮不同的灯泡就能在广告牌表面展示不同的图案。此外，点亮其他灯泡和熄灭已亮灯泡还可以使图案流动起来。

上述这个新模型与群灯广告牌相似，它不像聚乙烯薄膜制成的平整表面，而是由大量独立的点组成。例如，每个灯泡作为一个点，都能够亮与灭，那么不同的亮起或熄灭的灯泡就能在广告牌的记忆表面上排列组合成不同的图案。

落在该记忆表面上的明亮图案会点亮相应位置的灯泡。如果以方形图案来点亮广告牌，那么亮起的灯泡就会形成方形图案。这个过程就需要每个灯泡具备一个开关。

有些路灯会在黄昏时分自动亮起，是因为日照已经低于一定水平，使得模型中的开关自动开启，反之亦然；当开关接收到的日照强度超过一定水平时，路灯开关就会关闭。对此，除灯泡本身之外的任何光源都有效（开关不受灯泡光照的影响）。

该模型中的光照，相当于聚乙烯与大头钉模型中的液体。那么，最关键的流动是怎样进行的？要理解这一点，我们必须回顾前文中放置儿童积木柱子的斜板。当白板倾斜时，较高的柱子会率先倒塌，而砖块会把其他柱子叠得更高，让它们更容易倒塌。我们可以把柱子倒塌所需的倾斜度视为"倒塌点"。在白板的倾斜度达到倒塌点之前，无事发生；一旦达到倒塌点，某些柱子会突然倒下。换言之，柱子受到一定大小的力，就会自己倒塌。我们也可以将这个倒塌点称为"行动阈值"，白板的倾斜度低于这个阈值则无事发生；一旦达到这个阈值，事情就会自己发生。

随着柱子越叠越高，倒塌点越来越容易达到，行动也越来越容易发生。换言之，阈值会越来越低。

现在，我们回到带有特殊开关的群灯模型，其开关行为与积木块类似。一旦达到阈值，开关就会自行开启。开关每开启一次，阈值就会降低（就像柱子因累加落下的砖块而变得更容易倒塌）。

开关开启的难易程度取决于群灯表面之前的点亮情况，难易之差相当于聚乙烯与大头钉模型中的表面轮廓。那些难以开启的开关（或较高的阈值）相当于聚乙烯片材的高地，易于开启的开关（或较低的阈值）相当于谷地。

光照在群灯表面上时，点亮区域就是一个有边缘的图案，而边缘的两侧分别是未亮起的灯泡和已亮起的灯泡。未亮起的灯泡上的光敏开关会回应已亮起的灯泡，趋于点亮自己的灯泡。因此，图案趋于向边缘扩散，就像液体趋于在聚乙烯和大头钉的模型中流动一样。阈值低的灯泡较容易点亮，也就是说，这个图案趋于向之前点亮过的区域扩散，就像在聚乙烯与大头钉的模型中，液体趋于向低洼点流入积液处一样。

一个灯泡是否亮起取决于两点：首先，光是否照在它身上；其次，光照形成的图案是否会蔓延到它身上。图案蔓延的难易程度取决于该灯泡之前被点亮的次数。

初看之下，群灯模型似乎能够很好地模仿聚乙烯与大头钉的记忆表面。我们之所以讲述群灯模型，是因为它的行为更像大脑的神经组织。神经网络由一组单独的开关组成，每个开关都可开可关，并且各有阈值。一旦达到阈值，开关就会自行开启。

然而，聚乙烯与大头钉的模型与群灯模型之间存在巨大差异，在前者中，液体的量有限。这种液体无法同时停留两地，如果流向下一个区域，就肯定会离开上一个区域。这就导致输入的模式会沿着表面的轮廓，从一个区域移动到另一个区域，产生信息处理行为。群灯模型的情况则有所不同。

在群灯模型中，图案的边缘会扩散。未亮起的灯泡会亮起，图案会扩大。但重要的区别在于，即便其他灯泡亮起，已经亮起的灯泡也不会熄灭。因此，图案没有真的转移区域，只是其边缘因为蔓延而变得模糊，但图案实际上并没有变化。图案确实会向开关阈值低的灯泡蔓延，但是如果已经亮起的灯泡开关阈值较高却继续亮着，那么情况就无法改善。这就好像在聚乙烯模型中，液体填满了山谷、漫过了山峰。

就群灯模型来看，一个简单的光照图案照在灯泡表面上会形成一个向外扩大而边缘模糊的图案，也许最终整个表面都会亮起。除非图案真正发生变化而不仅仅是蔓延，否则就不存在有用的信息处理行为，输入的信息仍然只是一团乱。

上述两种模型之间的区别在于，在聚乙烯模型中，液体本身在记忆表面流动，而且液体的量有限；在群灯模型中，输入的信息只是开启灯泡开关，并不限量。

任何时候，如果能够亮起的灯泡数量严格受限，那么群灯模型就会更像聚乙烯模型，成为有用的系统。不过，这一点其实可以通过循环系统效应来巧妙地实现。

第 9 章
循环系统

在寒冬早晨，汽车电池电量不足就无法启动发动机，继续尝试启动只会加快电池损耗。

秋叶随风飘落，堆积在沿街的小障碍物后方，越堆越多。越大的障碍物后方，堆积的落叶越多，形成的落叶堆越大。冬天的积雪同理。

富豪会越来越富裕，因为人们一旦致富，就有更多的钱来用于投资。他们的信誉也变得更好，合作者也会更放心地把资金托付给他们操作。

大型报社将会发展壮大。发行量越大，吸引到的广告商就越多；刊登的广告越多，能负担的栏目和功能就越多；文章越丰富，发行量就越大。

人人都在通胀时期购买股票股权，股票交易价格就会上涨；于是更多人希望通过买股票来分一杯羹，带动股价继续上涨。

上述这些都是循环系统的例子。这种系统是"爆发式系统"，也称为"正反馈系统"。在其中，一种效果通过一连串其他效果而再次产生。也就是说,任何变化都会产生反馈,从而强化自身,因此这种系统也属于"变化型系统"。目前为止,本书所举示例都是正向的改变,但循环系统也可以强化负向的改变。

如果国家提供福利较少,生病的人就会病得更重。生病就会影响赚钱,钱不够就负担不起个人的温饱或医疗所需,病情就会恶化,赚钱能力就会继续削弱。

小型报社趋于没落。随着发行量下降,广告投放量也会下降,导致栏目减少,只能负担较低稿费,于是发行量进一步下降。股票交易价格下跌时,人们趋于抛售股票,推动股价走低,驱使更多人卖股。这个过程正是华尔街股灾的成因,不过目前已经有措施防止同样的悲剧再度上演。信心会通过循环来增长,但也会通过循环来减弱。

在捆绑重物的绳索中,一旦有几根绳索断裂,那么其他绳索的张力就会增大,导致部分绳索随之断裂。那么剩余绳索的张力再次增大,这个过程会一再重复,直至所有绳索断裂。

我们可以在本书前述模型中找到几例这类系统,例如,放置积木柱的斜板就有明显的正反馈:较高的柱子较易于倒塌,倒塌的柱子越多,其他的柱子就叠得越高。在聚乙烯与大头钉的模型中，液体的重量把聚乙烯表面压凹后，更多液体会流入凹陷区域，导致凹陷更深。总的来说，在聚乙烯记忆表面上，是输入的模式在塑造轮廓，然后组织此后输入的模式，而这些模式本身也会改变轮廓。

如果说上述循环系统是"变化型系统"，那么还有一种循环系统就是"不变型系统"，与前者的爆发式相反，该系统趋于稳定。在"不变型系统"中，循环方式不变，但一种效果会通过一连串其他效果而再次产生，但该效果会在再次产生时逆转。也就是说，增加的趋势会变成减少的趋势，这会抵消变化，使系统稳定。我们也可以把这类系统称为"负反馈系统"。

自行车不能自己骑行，需要有人骑着前进，将跌倒趋势转化为防跌趋势，例如车把的移动。自行车需要有人通过操控来抵消偏转的趋势；在其中，骑车人充当该循环系统的连接，逆转当前事态发展的方向，提供负反馈来防止事情发生。

如果一个小男孩在邻居家花园里玩闹，掰折郁金香的花蕾，他的母亲会嚷嚷制止，希望他停手，以此保持郁金香系统的稳定。也就是说，被折断的郁金香通过小男孩的母亲，防止其他郁金香受到伤害。

厕所水箱中水位上升而球阀浮起，就能关闭水闸。也就是说，水位上升是为了防止水位继续上升。

这些是循环系统的两种基本类型，运作非常简单。这些基本系统相互结合时，就会发生有趣的事情。本书所述特殊记忆表面的大部分行为，都取决于循环系统的效应。

》》符号

在分析这类系统时，我们无须凭空想象，使用视觉符号就可以密切地观察循环效应。图15展示了一种非常简单的符号。

任何第一事物都趋于使第二事物做同向运动，都通过一条线与第二事物相连。这条线被一个实心圆中断，箭头表示效应方向。如果效应可以反向作用，那么必然有另一条线和另一根箭头。如果第一事物趋于变大，那么第二事物也会趋于变大；如果第一事物趋于变小，那么第二事物也会趋于变小。

当第一事物对第二事物产生反效应时，连线会被一个空心圆中断。这样一来，如果第一事物变大，第二事物就会变小。

图 15

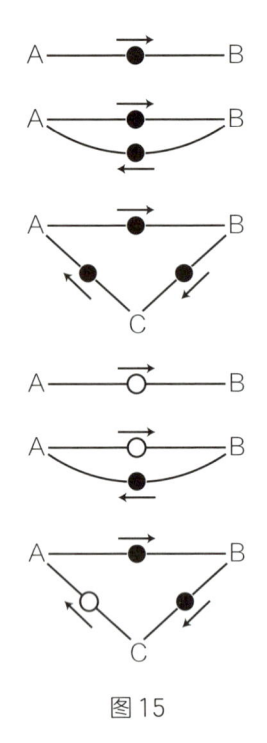

如果第一事物变小，第二事物就会变大。

换言之，实心圆表示刺激作用，空心圆表示抑制作用。

>>> 更复杂的系统

假设某个地区有大量优质工作岗位空缺。起初，其他地区的人可能不乐意进入这个地区，因为他们在那里既没有朋友，也没有邻居，难免感到孤独。但无论如何，总会有人迁出，而一旦有人迁出，其他人迁出的趋势会上升；一旦有人迁入，那么其他人迁入的趋势也会上升。随着拥入该地区的人越来越多，劳动力市场逐渐饱和，原本美好的就业前景变得越来越不美好。劳动力需求终归会下降到驱使人们迁出的地步，而迁入的人也会减少。

在这种情况下，有两个循环系统同时运作。在第一个系统中，迁入该地区的人越多，该地区对相关朋友的吸引力就越大；在第二个系统中，迁入该地区的人越多，就业机会就越少，该地区吸引力就越小。第一个系统是正反馈型，第二个系统是负反馈型。由于就业机会是主导因素，因此稳定型系统将占上风，局势将在该地区人数达到一定数量时稳定下来，这就是该系统的基本行为，如图 16a 所示。该系统最吸引人之处在于，它会进行选择。随着就业机会减少，已经身处当地的人如果不迫切需要工作，而且能够在任何地方找到同样的工作，就会趋于离开。与此同时，渴望工作的人会继续迁入该地区。一些人的迁出伴随着另一些人的迁入，所以该地区的人数会保持相对稳定。但人的性格会变，随性的人会迁出，渴望工作的人会迁入。于是，该地区会充满渴望工作的人，因为他们在其他任何地方都找不到工作。我们可以说是系统选择了这些人。我们也可以用技术工和非技术工来描述这个系统：技术工迁入，非技术工就会被迫迁出。

这类系统还有另一个示例：剑桥大学的学生会在夏季学期结束时到河岸举行派对。随着派对的进行，在岸边的人群会看到一些学生上船，而上了船的人又会打电话叫岸上的朋友加入派对。起初，朋友们很乐意加入。但随着越来越多的人上船，船身吃水线越来越高，看起来船可能马上就会沉没。于是，相对清醒和胆小的人会开始下船，而喝醉和忘我的朋友会继续上船。最终，船上会充满狂欢的学生，如图 16b 所示。

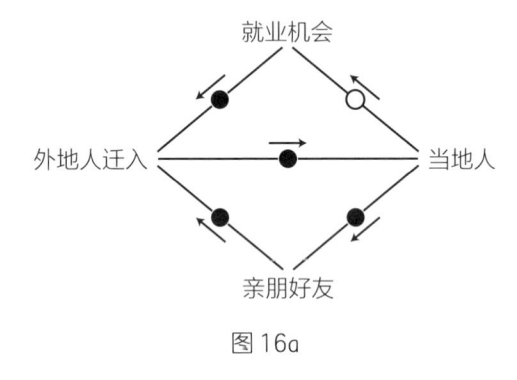

图 16a

图 16b

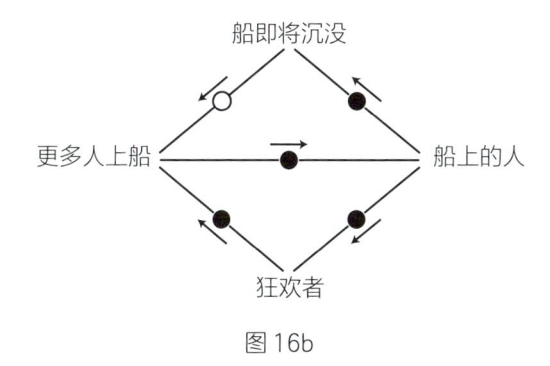

这个系统也会进行选择。一方面，朋友上船是积极诱因；另一方面，船身即将沉没是消极诱因。两者的相对强度随着每个学生的清醒状态而变化，自控力较强的学生会离开，较兴奋的学生会留下。也就是说，这类系统的记忆表面具有选择性。

>>> 人工模型

我们可以用一个简单的机械模型来模拟上述系统的行为，如图 17、图 18 所示。这个模型有一个平台，平台通过铰链与墙相连，可以向下折叠。但平台由一个轻弹簧拉住，所以保持着水平。现在我们把小铅块一块块放到平台上。随着承载的小铅块越来越多，平台越来越倾斜，直到一些铅块开始滑落。最终，只有底部附着最牢的铅块还留在平台上。在这个系统中，平台上的铅块越多，每个铅块附着在平台上的难度就越大，同时也使其他铅块更难附着。但人为地选择放置点，新放置的铅块也会加固原有铅块的附着，这就是为何我们要放置更多铅块。

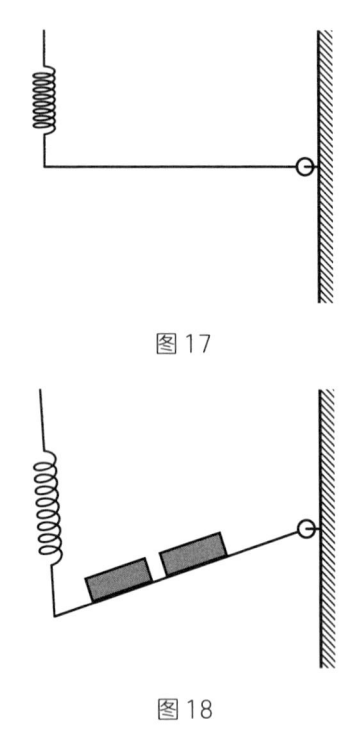

图 17

图 18

这个系统也能够自行选择输入的内容。如果只是将铅块放在倾斜的平台上，看看哪些会滑落而哪些不会，那么结果是不一样的，这将取决于调整平台倾斜度的外力强弱。留在平台上的铅块附着最牢，就像船上满是喝醉的学生，就业机会多的地区满是渴望工作的人一样。

上述这三个系统都有以下两个表现：

1. 指定区域内的单位数量有限。

2. 系统之所以选中这些单元，是因为它们的某种品质优于其他单元。

这个平台最终也不会区别对待不同的铅块。如果添加到平台上的铅块只是比平台上已经存在的铅块附着力稍强，那么无论它们的附着力之间有何差异，它们都会在平台足够倾斜的时候滑落。

第 10 章
激励因素与抑制因素

如果把水倒在一个坚硬的表面上，这摊水会在上面漫延开来。倒的水越多，这摊水就越大。但如果这个表面并不坚硬，而且边缘由薄橡胶板围成，那么就会发生奇怪的现象。水不会继续漫延，而是会达到一定的面积；无论继续倒多少水在表面上，这摊水的面积都不会扩大。这种效应如图 19 所示，事实是水的重量压凹了表面，水量的增加只会把凹陷压得更深。随着表面的中心被压凹，凹陷的壁面越来越陡峭，阻止了水的扩散。这个系统其实是依靠薄橡胶板来保持稳定，水铺开的难度（壁面的陡峭程度）与水量成正比，所以无论往该表面倒多少水，这摊水都无法铺开。而在不稳定的系统中，水越多，铺开面积就越广，与上述系统对比鲜明。

群灯模型记忆表面的问题是，如果系统允许图案蔓延，那么图案最终会布满整个表面，面目全非。而我们需要的是只点亮一定数量的灯泡，并且未亮起的灯泡点亮时，已亮起的灯泡会熄灭。这样才能真正改变图案，做到信息处理。这就是在广告牌上发生的活动，因为旧灯泡熄灭而新灯泡亮起，所以图案才能在群灯中流动。

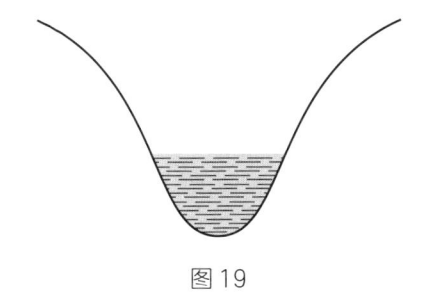

图 19

前文所列举的两个循环系统都会限制流动区域的单元数量，这是激励因素与抑制因素相结合的效果。激励因素在第一个循环系统中是就业机会，在第二个循环系统中是狂欢派对。抑制因素在第一个循环系统中是劳动力市场饱和，在第二个循环系统中是人们因害怕而下船。我们可以将相同的原理套在群灯模型上。与橡胶板、派对船和就业机会的三个模型一样，群灯模型也结合了激励因素和抑制因素（图16a、图16b）。抑制因素必须刻意创造，必须与已亮起的灯泡数量成正比，而且必须使灯泡更难点亮，或保持点亮。

我们不难想象每个灯泡都有一根电线连接到中心资源，每当灯泡亮起，它们都会为中心资源贡献一些数值；然后，数值会通过各条电线传回每个灯泡，使该灯泡再次亮起的难度上升。这样部署,系统就能很好地运作(图20)。排列组合不同的连接其实也可以产生相同的效应,我们需要的只是一个抑制网络,其抑制能力与表面的激励因素成正比,而且趋于削弱激励因素。

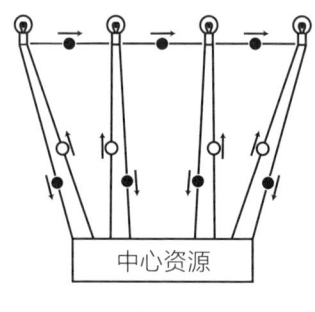

图20

不过上述方法实现起来非常烦琐,本书之所以提出这种部署,是因为它与大脑行为相似。就群灯模型而言,我们可以用一种更巧妙的方法来达到相同的效果:把群灯模型装在一个浅玻璃盒中,随着亮起的灯泡越来越多,玻璃盒中的温度会越来越高。现在假设,每个灯泡的开关都能感应温度;温度越高,开关的阈值就越高,点亮灯泡就越难。那么,群灯模型就多了个产生抑制作用的机制。

当一个小光图照在群灯模型表面上,图案下的灯泡亮起,然后相邻的灯泡随之亮起,图案趋于扩大。但是随着越来越多的灯泡亮起，温度越来越高，开关阈值也越来越高，图案的扩大变得越来越难。当温度达到某个值的时候，图案边缘的开关阈值非常高，以至于相邻灯泡的光照不再足以启动开关。于是，图案就停止扩大了。

在开关阈值较低的情况下，图案可能会继续顺势扩大，因为即使存在温度效应，阈值也还需上升至开关无法启动的水平。随着图案扩散到灯泡容易被点亮的区域，一些已亮起的灯泡可能会因其开关感应到高温而熄灭。也就是说，系统正在进行选择，就像派对船的情况一样。较兴奋的因素仍然在加入（即灯泡亮起），而较抑制的因素仍然在退出。在这种情况下，亮起的灯泡数量是有限的，而且它们全是最容易点亮的灯泡。此时，群灯模型的图案与聚乙烯模型的液体同理，本身会从一个区域转移到另一个区域。

我们可以设想，一个小房间里正在举行一场有趣的演讲。随着进入房间的人增多，室内温度逐渐上升。房间变得闷热起来，不太感兴趣的人就会开始离场；但同时，较感兴趣的人还是会进来。最后，房间内全是对演讲较感兴趣的人。

群灯模型原先不如聚乙烯模型稳定，现在却更胜一筹。在聚乙烯表面上，我们不易看出为何液体落在轮廓上会保持最初形成的模式。它为何非要沿着轮廓流淌？如果我们拍摄的是骆驼，相机底片却总是记录金字塔的影像，那么照片上就永远无法出现骆驼。在聚乙烯模型中，表面已经形成的轮廓几乎完全支配了新模式的输入过程，所以新模式可能永远无法形成。在群灯模型中，激励因素和抑制因素则保持着系统的平衡。

任何一个灯泡都可以点亮或熄灭，这取决于开关能否被激活，而开关能否被激活又取决于以下因素。其中，一些因素趋于激活开关，而另一些因素趋于阻断开关。

激活因素：

1. 图案一直照在开关上（假设图案是光照范围）。
2. 相邻的灯泡已经亮起。
3. 开关已经被多次激活，因而阈值较低。

阻断因素：

1. 缺少以上所有激活因素。
2. 已亮起的灯泡数量导致温度上升、开关阈值上升。

总的来说，照在群灯模型表面上的图案会保持原位。但是如果表面上有点亮过的灯泡，并且它们的阈值异常的低，那么实际照射的图案会扩大到这些灯泡上，信息处理的模式也会因此改变。

群灯模型记忆表面的行为

任何时候光照只能在模型表面点亮有限数量的灯泡，但光照下的灯泡数量可能小于这个限量，也可能大于这个限量。如果图案下的灯泡小于该限量，那么图案会扩大，直至点亮灯泡的数量达到该限量。被光照过的灯泡开关阈值较低，因此图案会向这些灯泡扩散。图案面积以这种方式延伸或扩大。表面并非接受图案，而是会根据相关或相似的旧图案来呈现新图案。

如果图案所覆盖的灯泡数量多于限量，那么其中只有一些灯泡会亮起，而其他灯泡会保持不亮。亮起的灯泡开关阈值最低，也就是说，这个记忆表面不会记录图案的其余部分（至少当时不会），而只是选择图案中最熟悉的部分来处理。这就是该记忆表面的选择性。在信息处理方面，记忆表面的选择性无疑最有用。奇怪的是，它竟然由记忆表面的缺陷所致，这个缺陷又是由记忆表面的组织所致，决定了该表面无法接收更大的图案。

如果将两个单独的图案照射在群灯模式的记忆表面上，会发生什么？单独的图案是指不重叠、不相邻的图案，两者不可能在覆盖面积或点亮时间上相等。即使这两点相等，在它们照射下的区域中，灯泡的开关阈值和点亮次数也不可能相等。

我们可以用另一个模型来表示这种情况：将两个容器的底部用管子相连，如图 21 所示。这两个容器都未装满水，都由松紧带悬挂。起初，水较多的容器悬挂较低，使得水从悬挂较高的容器中流入，并因此悬挂得更低。最后，其中一个容器装下了所有的水，而另一个容器的水则流干。只要两个容器水量不同，那么无论过程如何开始，结果都一样。

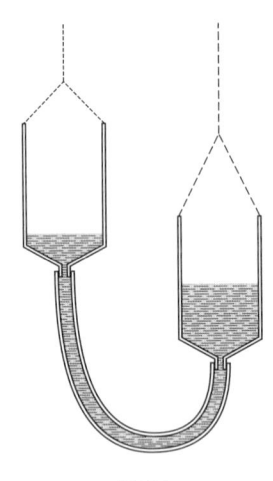

图 21

在群灯模型中，如果光照区域的扩大趋势与光照区域的大小成正比，那么效果就完全相同。群灯表面的行为看似任意，实际上却很自然地遵循着某个网络，就像大脑中似乎也存在网络。在这类网络中，激活区域的扩大趋势与激活区域的大小成正比。

图 22 展示了一个简单的网络，其中黑色圆形表示开关。如果一个开关被激活的趋势与已激活开关之间的连接数成正比，那么当大圆圈内的所有开关都处于激活状态，而不只是正方形中的开关恰好处于激活状态，那么标记为 1、2 和 3 的开关更可能被激活。激活区域越大，与区域内相连的外部开关就越容易被激活。

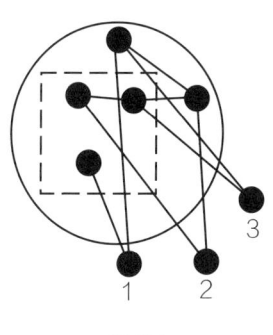

图 22

如果我们把这一属性放到群灯模型上，那么两个单独的激活区域则无法在群灯表面上共存。较大的区域会趋于扩大，这意味着较小的区域就不得不缩小，因为总体激活面积是有限的。这个过程也是一种循环效应，因为较小的区域在缩小的同时，它的扩大趋势也在减弱，所以这个区域最终会消失。这种循环效应很重要，它意味着该表面一次只能存在一个光照区域，广泛地影响着表面的信息处理行为。

>>> 总结

在群灯记忆表面上，有一个连贯且有限的照明区域，照明图案根据过去和现在发生的点亮情况在该表面上移动。图案由该表面上最容易激活的单元组成，激活单元的难易程度取决于该单元之前被激活过多少次、光图现在是否照在它身上，以及相邻单元的状况如何。最终形成的系统能够选择和更改所接收到的信息，是一个信息处理系统。选择和更改过程都是基于记忆表面的经历来进行的，最终会提取并确立出稳定的模式。

这是一种基础的记忆表面，它的信息处理能力尚有很大的改善余地。为了便于理解，我们在后文称为"特殊记忆表面"。

第 11 章
关注区域

>> 注意力

如果你每次照镜子时，镜子只照出你的嘴巴，而照不出其他部位，你会有何感想？不管从什么角度、多远距离看，镜子仍然只照出你的嘴巴；即使让朋友来照这面奇特的镜子，他们也只会看到自己的嘴巴。

如果一天晚上你打开电视机，屏幕没有完全亮起来，只亮起一个小的圆形区域，总是只呈现演员或播音员的嘴巴，你会有何感想？

如果你给房间拍一张照片，但你冲洗胶卷时只看到桌子上的一个大蛋糕，你会有何感想？你从另一个角度再拍一张照片，但这次仍然只有蛋糕出现在照片中。然后你用这台相机去拍摄繁华热闹的大街，令你惊讶的是底片显影后，仍然只有蛋糕店呈现出来。

上述镜子、电视机和照相机的这种奇怪行为，就是特殊记忆表面的常规行为。记忆表面接收到一个大图案时，只会记录图案的一小部分，忽略其余部分。记忆表面上的激活区域严格受限，呈现的图案大小不能超出限制。这个有限的区域就是记忆表面上最容易激活的部分，是使用次数最多的部分，这就像是镜子、电视机和照相机都把焦点投在嘴巴上或食物上。

也就是说，哪怕呈现于记忆表面的图案整体可用，记忆表面其实也只会关注图案的一部分。"关注"只不过是代表记忆表面一次只处理环境的一部分，其中不存在任何奥妙，记忆表面也并不会主动地引导关注。这种效应来自某类记忆表面的普通行为，而且这些行为纯属被动。

特殊记忆表面的这种行为看起来就像是缺陷，它似乎就不应该出现在有效的记忆表面上。但事实上，这种有限的关注远非缺陷，而是非常大的优点，毕竟大脑的整体运作都依赖这一点。关注有限，意味着很多信息会被忽略，但也意味着某些信息会被选中。而重要的正是这个选择过程、这种选择能力。记忆表面能够选择，才会优先记录某些信息，而不是环境给什么，它就拿什么。只不过人们往往以为，被动的系统往往不可能进行选择。

每天在马里波恩行车的司机，其中有多少人会注意到每个红绿灯顶上都有一块金属的火舌图案，仿佛炼狱中饱受煎熬的灵魂？多年来，我经常开车经过马里波恩，而且我应该已经看了红绿灯很多次，但我从未注意到这条火舌。不过它距离灯顶太近，人站在街对面看，它与灯之间的视角差异必然很小。但人们的注意力都集中在红绿灯上，因为那才是重要的事，所以其他一切都被忽略了。如果大脑不会根据事物的用处而进行选择，那么生活会变得困难重重。

浴室里有浴缸、镜子、洗手池，有些浴室还有马桶。如果我们必须对所有设施作出反应，那么我们就无法正常使用浴室了，只能去给浴室选墙纸。所幸我们的注意力会集中在浴缸、洗手池或其他需要用到的地方。

假设有人将水壶里的热水倒在一块普通的果冻上，再假设由于屏幕的错位等某种原因，你无法看到整体情况，只能看到其中一部分。

如果你的注意力只集中在果冻上而且无他物，那么你看到的就是果冻消失。

如果你的注意力集中在热水和果冻上，那么你会看到的是热水破坏果冻。

如果你的注意力集中在桌面散布的有色黏稠液体上，那么你看到的是液体正在形成。

如果你的注意力集中在果冻和有色液体上，那么你看到的是果冻正在转化为液体。

如果你的注意力集中在水壶中倒出的水和有色液体上（但其实果冻隐藏在屏幕后的某处），那么你会看到水改变为有色液体。

由此可见，在同一种情况下，我们可以得到消失、破坏、形成、转化和改变等几种概念，得出哪个概念取决于注意力选择哪个对象，我们如何看待情况也由注意力决定。对于两个不同的人而言，相同的情况可能看起来完全不同，因为他们各自的记忆表面轮廓不同，所以他们的关注点或选择顺序完全不同。

这种系统有一个缺点：当一种情况有两个可用选择，或两个解释同样有效，那么最终，记忆表面会只选择其中一个，而完全忽略另一个。有时，记忆表面在处理了第一个选择之后，可能会接受第二个选择；但更多时候，第一个选择会引发一连串的事件，导致记忆表面根本不会去考虑第二个选择。从数学概率来说，记忆表面处理这两个选择的方法可能非常接近（例如，也许51%的人会选择其一，而49%的人会选择其二）。然而该记忆表面的本质是选择其一而忽略其二，仿佛这两者天差地别。记忆表面的这种确定性可以提高它从周遭提取模式的效率，但也会带来很多麻烦。例如，两个人面对完全相同的情况，却可能得出完全不同的结论。更糟糕的是，他们会完全忽视对方观点的可取之处，因为选择是尽可能地排他，而非自然概率的结果。

不过对此，记忆表面的选择行为有所弥补。幽默也取决于系统的选择，因此如果一个人从来没有产生过排斥他人观点的想法，那么他就不懂得幽默。这一点将在后文展开论述。

记忆表面还有一种弥补效应，那就是不会让"巴兰（Balaam）的驴"饿死。有哲学家提出假设，如果巴兰的驴站在两堆等量的干草之间，它就会饿死。因为如果放任驴不管，它就无法在两个相等的吸引力之间作出选择。但如果驴的记忆表面能够进行选择，驴就不可能饿死。干草堆本身、干草堆的放置方式、驴对干草堆的远近体验、驴眼的光线折射等任何方面的细微差别，都会被系统选择而最大化。系统会选择其中一个干草堆，而忽略另一个干草堆。事实上，如果一处是干草堆，而另一处是胡萝卜，巴兰的驴会更难作出选择。由于记忆表面的组织，这种设定会让驴更加犹豫不决。

具有选择性的镜子、电视机和照相机这些示例，可能会让读者以为记忆表面一次只关注画面的一部分。但实际上，注意力会从一个部分转移到另一个部分，直至覆盖大部分或全部画面。激活区域在记忆表面上移动，根据表面轮廓的不断变化，从一处流动到另一处，就像菜汁在倾斜的盘子里流动那样。轮廓随时变化，才能确保激活区域流动，这一点将在后文讲述。

由于注意力会覆盖模式的一个又一个区域，因此我们可以说，注意力把整体模式分解成了单独的碎片。

慢慢关紧水龙头时，水流会逐渐减少成涓涓细流；然后突然间，连续的溪流会分解成一串细小的水滴。这是因为当水流变窄到一定程度，其表面张力效应足以把它夹断成单独的液滴。这个过程与记忆表面把连续的图片分解成碎片的过程完全相同。

当你在异国他乡，还不懂当地语言时，这种语言似乎就像噪声一样源源不断、难以理解。而当你学会当地语言后，它就会开始分解为可识别的音段，进而分解为可识别的短语和句段。但现在你无论多么努力，都无法听到连贯的句子或段落，它们总是被分解成零碎的片段。当记忆表面难以理解环境呈现的画面时，就会像这样处理它们。记忆表面一旦开始识别出画面的某些部分，就会去关注那些区域。也就是说，注意力会把连贯的画面分解成越来越明确的区域。这种画面提取行为，就是本书所强调的记忆表面的本质。

将事物分解成单独的碎片，其最大优点在于碎片流动性很高。画面整体根本不可能流动，但碎片却可以。语言之所以有效，是因为它由片段组成，而这些片段能以各种方式排列组合。数学、科学和测量也都是基于相同的碎片化过程。这就是关注区域有限的另一巨大优势，是本书所述特殊记忆表面的特征。其缺陷是片段会变得固定和僵化，并且如果它们不再是最容易处理的片段（哪怕它们之前是），它们就可能会阻碍我们开发新的方法来应对情况。

尽管注意力最终可能会逐渐覆盖整个画面，但实际覆盖顺序可能严重影响记忆表面对画面的解释。也就是说，从画面的中心开始关注和从左下角开始关注，效果可能截然不同。这一点会在稍后讲到。

变化和选择是进化的基本过程。基因的随机突变是通过宇宙辐射等事物而发生的，表现在生物体的变化上。然后，适者生存的选择过程保留了其中最有用的变化。模式在记忆表面上以类似过程演变，记忆表面既能诱导变化，也能选择变化。选择其实可以分为两层：第一层是信息的自我选择，也就是说信息本身具有意义，完全不同于有机体的利己需求。第二层选择才是满足有机体的利己需求。

其中一个示例就是筛子的选择机制，它只允许一定大小的颗粒通过；相机底片选择光感更敏锐的颜色来强调显示。这种选择之所以有用，是因为它能从输入记忆表面的整体模式中提取信息。但选择是固定不变的，因为它取决于系统的固有特性（例如感光乳剂的成分，或者筛孔的大小）。

然而在特殊记忆表面上，选择的发生完全取决于系统的组织。选择本身并不固定，而是取决于记忆表面的以往经验。因此，它是一个自我选择的系统，在其中，由过去累积的信息来选择新的信息。这一点就实现了连贯，正如我们所读到的，特殊记忆表面尽管不乏一些缺陷，但也在理解环境方面优势巨大。

▶▶▶ 单独的关注区域

特殊记忆表面上的激活区域不仅大小有限，而且必然单独且连贯，不可能是两个单独的小区域加起来达到限制大小。

在一间房里给两个人拍照并不难，我们甚至可以把两张照片并排放置，然后拍摄下来，让两者同框出现。这对于相机底片的记忆表面来说完全可能实现，但特殊记忆表面一次只能呈现一人。

记忆表面确立的每个模式都是独立的。如果记忆表面接收到两个这样单独的模式，那么它最终会呈现出不同于这两者的第三种模式。

记忆表面可能会接收其中一种模式，然后忽略另一种模式来进一步解释前者。

记忆表面也可能会先接收其一，再接收其二，由此确立一个信息处理顺序。

这两个单独的模式可能会随着重复输入而合并成一个单独的模式。

特殊记忆表面的整体趋势是建立分离的模式，并巩固这种分离。图 23 至图 26 展示了一个连续的图案，由记忆表面分解成两个关注区域、两个图案。记忆表面的关注区域不太可能同时覆盖两者，因为注意力只能沿线流动。

DE

图 23

D E

图 24

图 25

图 26

那么，两个单独的模式如何组成一个模式呢？如果这些模式按顺序出现，那么注意力会从第一个模式转移到第二个模式，再回到第一个模式，而记忆表面的短期记忆效应可能会将两者合并成一个模式，也就是第三种模式，由两者结合而成。也就是说，两个独立的模式可以组成一个新的模式，或者只是组成一个序列，一个模式跟随在另一个模式之后。

特殊记忆表面如何组合模式，取决于激活区域有多少个、它们是否连贯。

特殊记忆表面会分解画面，所以才能够区别与选择。它会组合模式，所以才能够联想与学习。

第 12 章
果冻模型

记忆表面收到新模式后会发生什么，很大程度上取决于旧模式在该表面上留下的痕迹。记忆表面只不过是一个系统，让过去的信息通过自行组织、自行选择和自行最大化与当前的信息交互。

记忆表面上激活区域的位置和移动取决于轮廓，而轮廓主要取决于记忆表面的经历。我们需要这样一个模型：记忆表面接收的模式会留下长期的痕迹，影响记忆表面之后接收的模式。也就是说，表面上所发生的一切都会刻印成轮廓。

用浅盘装着的普通果冻就是这样一个模型。果冻平坦的表面作为原始记忆表面，浇在果冻各处的热水就是输入的模式。激活区域有限，那么我们就只用一个茶匙来给果冻浇上定量的热水。水仍然很烫的时候，会溶解果冻。将水倒在果冻上，果冻表面会留下浅浅的痕迹，可见果冻表面形成的轮廓取决于热水倒下的位置。一旦表面形成凹陷和路径，水就不会再停留于落点，而是会顺势而流。如果第二勺水流入第一勺水形成的凹陷，那么凹陷会加深，而倒下第二勺水的地方几乎不会变形。也就是说，输入的模式会沿着先前模式刻印的轮廓而流动，并且在流动过程中，把轮廓刻印得更明显。

这个果冻模型与特殊记忆表面相似，表现如下：

1. 激活区域会朝着低阈值单元流动，热水也会趋于流向凹陷区域。

2. 激活会降低一个单元的阈值、使该单元更容易被再次激活，热水一旦流经一个区域，就更有可能再次流经那个区域。

3. 激活区域有限，热水覆盖的区域也有限。

4. 激活区域是连贯的，热水覆盖的区域也是连贯的。

我们现在可以通过果冻模型来实验，特殊记忆表面上的激活区域如何顺势流动。该模型的基本功能类似于聚乙烯与大头钉的模型，但果冻模型还能够累积记忆痕迹、刻印记忆表面。倒在果冻表面某一区域的热水会沿着某条路径流动，并最终流入其他区域。这个水流代表什么呢？首先，水流是记忆表面对输入信息的解释和记录。记忆表面未必只是在记录信息，可能还在解释信息，这些信息可能是一连串的图像。其次，水流代表了一连串的思考画面，可能由输入的信息触发形成。重点是记忆表面上存在流动，而且流向由记忆表面的轮廓决定。

果冻表面上发生的许多活动，都能说明记忆表面的行为。

向心

倒在果冻上的第一勺热水会留下一个浅浅的凹陷。如果再倒一勺热水，让水漫延至第一个凹陷，那么水会流向该凹陷。重复这个方式在第一个凹陷周围倒下更多热水，凹陷会变得越来越深。这意味着，连接到中心的模式会非常稳定地建成向心的模式；一个模式可以通过一系列相似但不完全相同的其他模式来强化；记忆表面可以从一连串部分重叠的模式中提取出一个固定模式。

同化

水流入相邻凹陷而非停留在原处，说明它几乎不可能建立与旧模式相似的新模式。新模式不会在记忆表面上确立，而是会被旧模式同化。

>>> 固定的模式

任何新模式都趋于遵循旧模式在记忆表面上形成的轮廓，而非去改变这些轮廓，所以凹陷的通道一旦在记忆表面上刻印出来，流向就很难再改变。

>>> 连接的模式

如果先后倒下一勺又一勺热水，让每勺热水覆盖之前的来形成水流，那么水始终会沿着这条水流流动，最终流入第一个凹陷。这意味着，先后连接的图像链无论延伸多远，都始终导向最初的图像。这也意味着，只要两个模式之间的顺序明确，一个模式就可以直接导向乍看之下相距甚远的另一个模式。

>>> 主链路径

果冻表面往往会形成一个深而窄的主链路径，连接着凹陷较浅的其他路径。由于主链会将所有区域排干，因此通过主链的流量远远大于通过其他区域的流量，并且主链路径会加深。主链路径可以代表统一的主题或模式，它会随着其他模式的连入而继续加深或延伸。有趣的是，这条主链路径比它所连接的其他路径更加稳固。

>>> 代表性部分

如果水流通过一串相连的凹陷，如图 27、图 28 所示，那么凹陷中间可能会形成一条狭窄的通道，沿着每个凹陷的中心向下延伸，并承载所有流量。这就表明，一串图像作为一个完整的模式输入，可能会表现出部分模式，而这一部分模式就是整体模式的象征性部分或代表性部分。这也可能意味着，只有符合图像序列的那一部分模式才能确立。

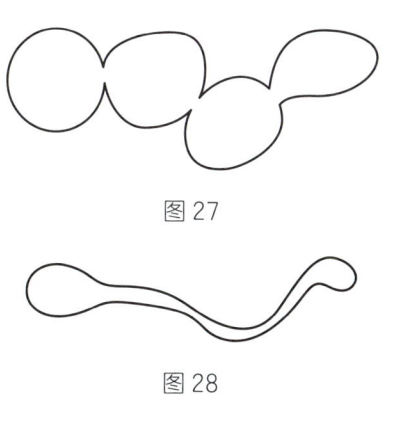

图 27

图 28

>>> 时间顺序

即使将许多勺热水倒在果冻表面的同一处,它们接触表面的实际顺序也会对最终形成的模式产生巨大影响。图 29 至图 31 展示了以不同顺序激活相同区域的情况。在每种情况下,最深的凹陷(最明确的模式)都出现在不同的位置,这就说明记忆表面并非通过简单的加法来累积记忆痕迹。由于新的记忆都会经过先前记忆的处理,因此哪怕输入的各个模式可能相同,实际的输入顺序也会对既定模式产生巨大影响。

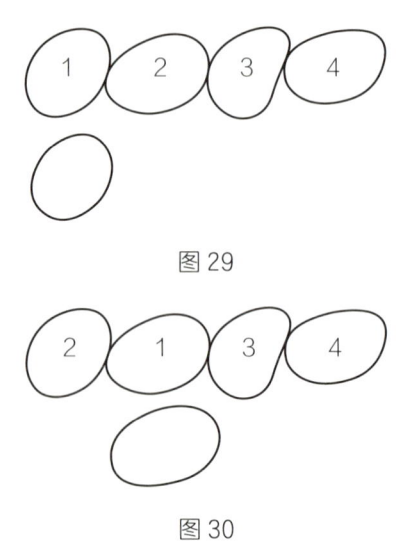

图 29

图 30

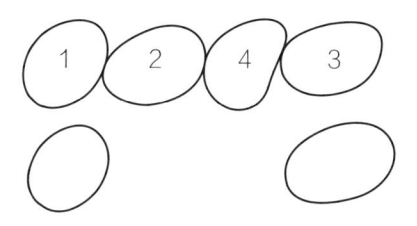

图 31

果冻模型是一个非常简单的记忆表面,这个系统的优势在于,已经记录的信息会处理后来传入的信息。

第 13 章
记忆表面的流动

假设你独自坐在一个陌生的小黑屋里。随着光线渐佳，你开始看到周遭的模糊轮廓。于是，你的想象力开始参照你所看到的少量内容来解释这些轮廓，主要是根据你的经验中最相符的事物来进行解释。随着房间变亮，周遭物体的实际面貌变得更加明显。此时，物体所呈现的面貌往往会取代你的想象。

就果冻模型而言，一旦轮廓形成，新倒上去的任何一勺热水都不太可能停留在原处，而是会流入某条路径或某个凹陷。这意味着，输入的任何新模式都将完全由过往经验来处理，去重复旧模式。这样的系统僵化严重，无法变通。如果输入的模式趋于停留在接触点，同时也趋于流动，那么整个系统才会更加有用。输入的模式是停留还是流动，取决于它的强度和轮廓的深度，这就是前文中群灯模型的效应。在小黑屋中，输入模式的强度起初很低，因此会高度趋于流动，并朝着双眼所能确定的形态发展。随着光线增加，输入模式会增强，而且往往会停留在输入点。小黑屋纯粹是一个类比,用来说明模式在坚持与转变两者趋势之间如何平衡。

如果记忆表面上有限的激活区域在某一时刻静止了,它还能否移动?

一旦水流到了果冻表面的最低处,它还能否流动?

如果关注区域已经定位在所呈现图像的某个部分,例如嘴巴,它还能否转移?

有人可能会说注意力还是会转移,因为放置在记忆表面之前的实际图像会随着电视屏幕画面的变化而变化。还有人可能会说,即使图像静止,人类的眼睛出于某种机制原因,也可能会转移视线。这些只是非常片面的解释。在某种程度上,注意力是否转移取决于输入的模式,例如,我们的眼睛会被亮处吸引。即使外部呈现的画面保持不变,注意力也会在画面上移动。还有一种情况是,根本没有画面输入记忆表面,只有思考产生的一串图像反映出记忆表面的活动。

在群灯模型中,灯泡所呈现的图案会持续改变,直到阈值最低的灯泡亮起为止。一旦群灯表面达到这个状态,那么只有在某个新区域变得相对容易激活时,或者已激活区域变得相对难以激活时,图案才会改变。要使图案从最稳定的区域转移,我们就必须给群灯模型添加一个疲劳因素，让已亮起的单元阈值随着疲劳的加剧而上升，那么激活区域就会转移到阈值相对较低的另一个单元上。这样的疲劳因素会导致有限的激活区域偏好暂停在某个区域，再随着这个区域的阈值上升而转移到另一个区域。这就像塑料布上的一摊水，如果每当有水落下时我们就扯动塑料布或者拉起某处，那么这摊水每次都会转移位置。

这种疲劳因素也就是大脑神经系统的适应性，已经得到公认。

在果冻模型中，热水沿着路径快速而连续地流动（图32a），这意味着果冻表面任何时候都存在一个比倒水点更低的区域。在特殊记忆表面上，信息也可以如此快速流动。如果有一排单元的阈值递减，其中每个单元的阈值都小于前者，那么信息会沿着这排单元快速流动，毫不停顿。这相当于记忆表面立即对一个模式作出了解释，相当于直觉、灵感或某种无形的思想。

在特殊记忆表面上，还有一种急促而断断续续的流动。流动会在偏好区域暂停，再随着偏好区域的疲劳增加而转移到另一个区域，并再次暂停。如果记忆表面是光滑的，那么信息仍然会相对顺滑地流动。但如果记忆表面已经形成轮廓，那么信息流动可能会不稳定。如图32b所示，流动并非沿着平滑的斜坡向下而行，而是沿着一串凹陷的阶梯逐级而下。液体在其中一个凹陷中停留，直至该凹陷边缘瓦解，再急速流向下一个凹陷，然后再次停留。当然，记忆表面的阶梯凹陷坡度其实不是固定的，而是会因疲劳因素而升高。

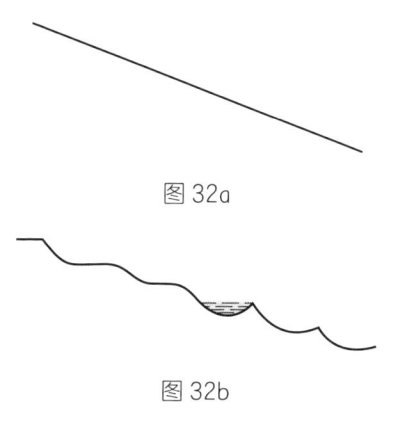

图 32a

图 32b

图 33a 展示了记忆表面轮廓的横截面。池水代表激活区域，位于偏好区域，也可能流入空心区域。空心区域的地面逐渐抬高，就像地毯被拉起一样，代表提高单元阈值的疲劳因素。在图 33a 中，地板抬起到足够高时，水会顺畅地流入下一个区域。在图 33b 中，水会急促地流入下一个区域。

图 33a

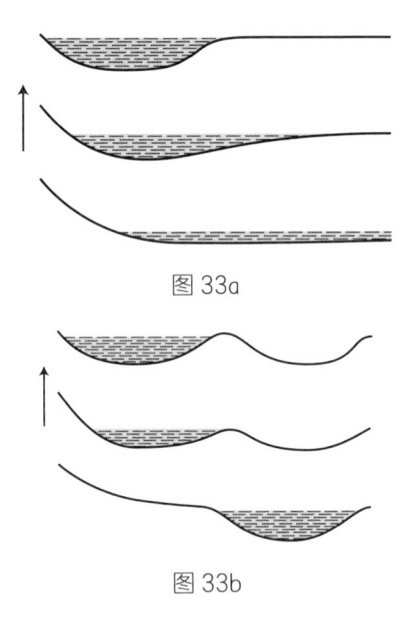

图 33b

转移的激活区域触及低阈值区域时，会迅速移动过去。从一个位置快速移动到另一个位置，这个过程是断断续续的，中间会出现停顿。这相当于构成思维模式的一连串图像，从一处到另一处的过程可能是逐渐变化的，也可能是快速的。有意思的是，图像只不过是激活流的暂停之处。图像是事态的迹象，它们本身并不会引导流动。如果一辆车从伦敦开往爱丁堡，那么乘客就算在途中的每个主要城镇停下来打电话汇报位置，也不会影响行车路线。

第 14 章
自我与生命

假设你设计了一只陪伴现代人生活的太空时代宠物，名叫弗雷迪（Freddie），是一个表面光滑的小黑球。用脚踢踢弗雷迪，它就会滚动。要阻止它滚动，只需要再次踢踢它。每当弗雷德遇到障碍物时，它的行径就会歪斜，会往后滚动、沿着障碍物滚动、绕着障碍物滚动，或者只是改变滚动方向。设计弗雷迪的目的是提供智能宠物，无须主人每天晚上喂食、照顾或陪玩。

假如你坐在一个黑暗的房间里，对面的墙壁上挂着一枚正在播放的光碟，那么你很快就会发现那枚光碟，而且是只发现它。如果它从一处飞到另一处，时而盘旋，时而疾冲，时而绕着某个点旋转，那么它看起来就像有了生命、有了目的。

在没有明显的外部作用引导的情况下，任何自行移动的物体看起来都像拥有生命与活力。特殊记忆表面上的激活区域不仅有限、连贯，还可以自行移动。在群灯模型中，激活区域实际上就是一个照明区域，就像墙上的光碟。它如果四处游荡起来，那么看起来就像是拥有了自我和目的。

假如你回到那个黑暗的房间，这次墙上挂着的不是那枚有趣的光碟，而是一连串闪烁的图片，那么你会认为自己身后有一台幻灯片放映机。我们往往认为事出必有因，某些事情看起来就像是他人的刻意而为，因此我们会假定是外因作出了选择。

假设房间墙上挂着许多不同的图片，而且光碟又回来了，时而移动到这张图片上，时而又移动到那张图片上。你可能会觉得光碟在智能地选择图片，或者是有人在引导光碟。假设图片只是依次从背面点亮，一次只亮起一张图片，你有何想法？是假定图片能够自行选择，还是假定有人在某处操作开关？

图片一张接一张亮起，就像是特殊记忆表面接收到一个又一个模式。实际上，依次吸引照明的是图片本身，而非照明区域在寻找图片。如果群灯模型要表现出相同的效果，照明区域就要改变：首先呈现一个画面，然后再呈现另一个画面。就群灯广告牌而言，如果有人拨动开关，使组成不同图案的灯泡接连亮起，那么广告牌可以表现出完全相同的效果。正是因为不同的操作能实现相同的效果，所以我们才判断不出效果背后的具体操作。

如果说特殊记忆表面是通过选择和活动而有了自我，那么它是否还有自我意识？要解答这个问题，也许我们需要在记忆表面上放一面镜子。

第 15 章
环境与思想的交流模式

在任何交流中,总有人试图表达,也总有人试图理解。我们可以把感知看作环境与思想之间的交流。只不过环境不太努力,所以思想必须为了双方而努力。这就是记忆表面从混乱的可用模式中寻找意义的过程。

环境与思想之间的交流可以分为三种基本类型,如图 34 所示:

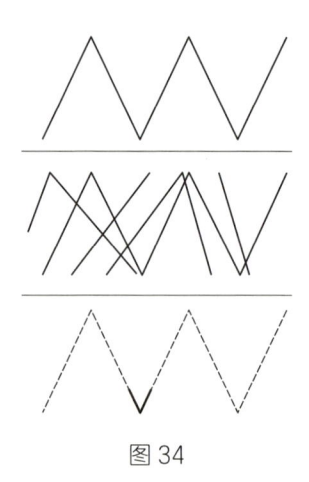

图 34

1. 通过转移进行交流。
2. 通过混乱进行交流。
3. 通过触发进行交流。

通过转移进行交流非常简单。在一定程度上,模式可以通过转移来传达,相同的模式在另一处重复,就相当于原处的模式转移了。摄影把环境画面转移到平面上,近似于通过转移进行交流。允许海底通话的北大西洋电缆就是通过转移来实现通信的,即在电缆一端重复另一端输入的声音。有些教师也认为,教学的作用就是把教科书上的内容转移到不情愿学习的学生脑中。

通过混乱进行交流,是指向对方展示混乱,期望他对混乱有所作为。我们之所以如此期望,是因为我们相信对方有能力做到这一点。然而,对方提取的模式将取决于他个人,而在通过转移进行的交流中,所有人接收到的模式都是相同的。许多现代艺术家就是通过混乱进行交流,这种交流难免令人感到困惑,就像是把一组蒙太奇的图像投放给观众、把蛋奶馅饼砸到墙上,而观众的反应就像是留在脑中的残影或者粘在墙上的饼块。通过混乱进行的交流,也是记忆表面与环境之间关系的第一阶段:记忆表面从混乱的环境中挑选出属于它自己的模式。

如果交流的只是一个触发词,而该触发词解锁了接收表面中的完整模式，那么交流就会发生。触发词、触发线索或触发符号只是确认接收者必须使用的模式，接收者本身已经储备了模式，就像图书馆存放了书籍一样；触发手段确认模式，就像图书馆用参考编号标记一本书。通过电话向某人读一本书，和只告诉他图书馆参考编号并让他自己阅读这本书，这两种做法的效果差异巨大。某些形式的艺术就是通过触发进行交流，通过提供最微小但意味深长的刺激，在观众脑中解锁复杂的模式。在通过触发进行的交流中，触发手段的性质与影响程度之间并无关联。例如，手指扣动扳机的力度很小，但子弹飞出的力道却很大；按下按钮，从飞机上投掷炸弹的动作微不足道，但炸弹爆炸的能量却可能引起地动山摇；一个命令可能只包含一个词语，但它启动的模式可能极其复杂。

通过触发进行的交流，是特殊记忆表面与环境之间关系的第二阶段。在上述的第一阶段，记忆表面从环境中提取模式并明确模式，像图书馆保存书籍一样把模式储存起来。在第二阶段，一旦环境提供了一些可识别的线索，适宜的既定模式就会呈现于记忆表面。线索可能是一个符号，或者某个模式的一部分。无论这个模式是否真实存在于环境中，记忆表面会解释线索，并提供整个模式。也就是说，记忆表面提供的模式可能不同于环境中存在的模式。

如果你面前的扶手椅上坐着一名男子，你对着他拍照，那么照片中他的腿和脚可能看起来很大，与身体的其他部位完全不成比例。镜头会写实地记录环境呈现给它的图像，然而大脑却不接收图像，而是用图像来触发，形成比例正确的标准人像。

大脑的触发过程会产生错觉与错误，这些内容将于后面讲述。现在，串起来的模式就是一套现成的图像。例如在思考中，如果现成的图像很大，那么模式序列就像是一套现成的衣服，可能不太适合套在大脑正在思考的情况上。

记忆表面的激活区域必须达到固定大小，所以任何记忆表面接收到的任何小模式都会持续扩大，直至达到固定大小。如果模式太大，那么记忆表面必然会把它切割成多个关注区域。

符号是可以独立存在的微小模式，可能是大模式的一部分，也可能只是与这个大模式相关。符号的作用是导向模式中更大的区域。在记忆表面的轮廓上，符号就像是山谷的狭窄入口。通过小径，水流可以漫延至覆盖整个模式。就算整个模式太大，无法在单个激活区域中组合成形，也可以通过比该区域小得多的符号来组合，然后覆盖区域。这种组合可能会产生一种新的有用模式，然后可以拥有自己的符号。也就是说，模式可以通过符号的连续组合，形成新的结构、新的模式，这就是为何语言和任何形式的符号都有助于信息处理。相比起等待整个大模式来提供自己的代表性区域，使用符号会更方便。

记忆表面上有限的激活区域看起来没什么机会解释接收到的模式，除非该模式非常小。但是由于激活区域可以沿着图像序列流动，因此记忆表面可以大致地解释整个模式。任何时候，激活区域的位置都由记忆表面的轮廓决定，激活区域的移动则由疲劳因素决定。其他因素可能改变单位的阈值，从而永久地改变轮廓；疲劳因素则是暂时地改变阈值和轮廓，促使激活区域继续移动。在空间维度里，记忆表面有一个明确的模式来处理输入的其他模式；而时间维度里也可能存在一个明确的模式序列。

如此一来，记忆表面既能保留有限的关注区域所带来的优点，例如分解画面与选择信息，又能通过确立固定的注意力流动序列，来无限地探究一个模式。记忆表面在时间与空间上都非常灵活，所以极其善于处理信息。在空间上，记忆表面的既定模式相当于一片活跃的单元；在时间上，既定模式相当于按顺序激活的一组又一组单元。

第 16 章
短期记忆与长期记忆

≫ 短期记忆

你在商店买东西,把商品交给售货员后,为了确保对方找对钱,你会记住商品价格足够长的时间。反过来,售货员会记得自己找了多少零钱给你,以便检查自己有没有算错。几分钟后,售货员会忘记当时找了多少零钱给你;几小时后,你也会忘记商品的价格。如果一只猫在你腿上坐了一段时间,然后像所有其他猫那样无缘无故地跳走,那么短时间内你可能仍然会感觉猫还坐在你腿上,哪怕它已经离开。

短期记忆是事发后一段时间内留下的印象,像是一种余晖或残影,比事件本身的持续时间更长。短期记忆效应可能会转化为长期记忆效应,也可能会消失殆尽。但到那时,事件也许已经达到了发生的目的。

在果冻模型上,热水对表面的印刻是一种长期或永久的记忆效应。如果你不只是阅读本书,而是真的去进行这个实验,那么你会注意到一个奇怪的现象:如果将热水一勺接着一勺倒在果冻表面上,那么每一勺热水都会扩散到一个已经湿透的区域,其路径会在表面上形成一个网络。结果就是,一勺热水无论倒在表面上哪一处,都会以自己的路径流入同一处。如果你是在一段时间内做这个实验,那么你始终会得到这个结果。但如果你花几天时间来做这个实验,每天只在果冻上倒几勺热水,那么结果就会大不相同;就算勺子能在完全相同的位置、以完全相同的顺序倒下热水,水流路径也不会形成一个网络,而是形成几个单独的网络。

如果实验持续数天,那么果冻表面的行为差异,就取决于果冻在两次热水倒下之间是如何变干的。无论每勺热水流向何处,它们总是会在倒下之处留下一片潮湿。即使果冻表面不存在明显的凹陷,另一勺热水倒在旁边并扩散到该潮湿处,也会趋于流入该潮湿处。这是一种表面张力效应,表面的潮湿是一勺水停留的短期记忆,促使水更容易汇入其中,而非流向他处。如果潮湿处已经干涸,那么新倒下的热水会在果冻表面形成另外的凹陷,而不会流入第一个网络。这个效应如图 35 所示。

潮湿处在果冻表面形成了短期记忆,而短期记忆效应是将事物组合成一个模式；如果没有短期记忆，那么新输入的信息往往会形成相互分离的模式。

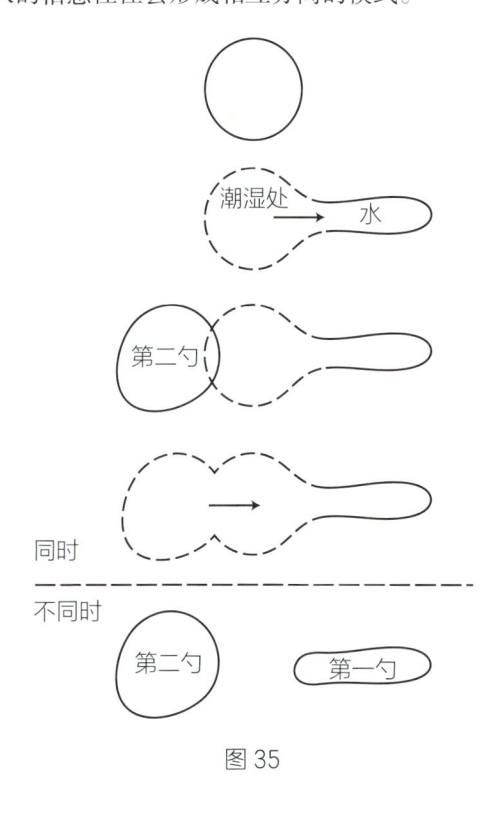

图 35

>>> 综合

正如本书前面所述，特殊记忆表面的主要趋势是将事物分解成单独的片段，并尽可能地加固和明确这些片段。记忆表面对信息的分解、分离和选择都遵循它的结构组织，记忆表面会把呈现给它的大模式拆解成单独的关注区域，每个区域都会提供一个模式。每个模式都会在表面上产生长期效应。我们无法确定这些模式是同时出现在记忆表面上的，还是记忆表面在不同时间分别接收到的，这个效应如图 36 所示。凭借短期记忆效应，每个模式都会留下"余晖"，也就是说，它们在记忆表面上

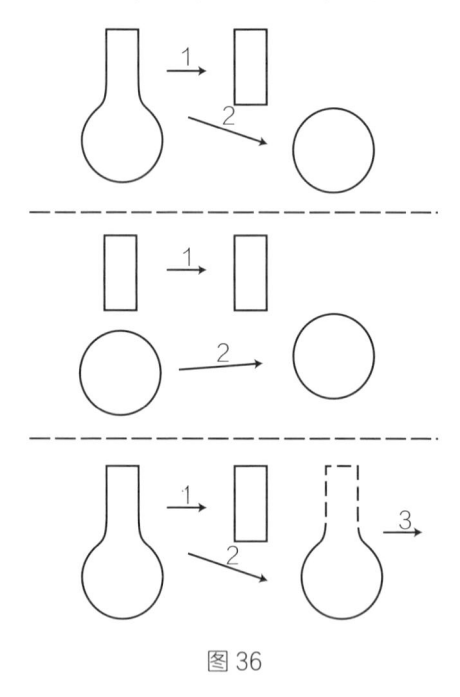

图 36

待过的区域更容易被激活。这些余晖区域会组成一个新模式,其中综合了所有单独的模式。

更好的例子是一幅巨大的画面,其中的人物都在做着不同的事。我们可以分别观察每个人物,看看他们在做些什么。当我们把注意力转移到画面的另一部分时,先前看到的每个人物都会在我们脑中留下短期记忆。最终,大脑会将所有记忆组合成一幅完整的画面,让它弥留下去,例如某场战争或某场婚宴的画面。

近期的记忆效应有一个巨大的作用,那就是把系统因关注范围有限而分解的事物重新组合起来。事物可以作为一个整体而存在,也可以作为一个整体而再造。

>>> 时间与空间

特殊记忆表面的关注范围有限,所以不得不将一幅大图分解为一个又一个关注区域,这些区域既会在空间上蔓延,也会在时间上蔓延。在记忆表面上,画面可能已经及时蔓延,玻璃杯摔碎在地上的过程会被大脑记录为一连串的模式(玻璃杯从在手中,到摔落、裂开,再到粉碎)。无论关注区域形成的序列是由空间碎片形成,还是由时间碎片形成,其效应都相同。短期记忆的作用是把这些碎片组合起来，形成一个综合的模式。

根据本书前文所述，短期记忆效应只是在补偿有限的关注区域对事物的破坏，但短期记忆其实能够通过综合事物来创造新的模式。如果关注区域从某一对象的一部分转移到另一对象的另一部分，那么短期记忆会把这两个部分综合起来，形成一个该记忆表面专属的新模式。这个新模式由记忆表面发明，而随着时间的推移，综合还会继续发生。就算先后发生的两个事件毫无关联，短期记忆效应也可以把它们组合成一个新模式。同样地，这个新模式也只存在于当前的记忆表面。

短期记忆的这种综合效应，正是我们进行联想和学习的基础。教学就是人为地部署一个效应来留下短期记忆，从而创造一个新模式，将各个事物长期地关联起来。条件反射也是这么建立的。短期记忆将两个无关的事物一次又一次地组合起来，直至记忆表面发展出一个链接模式，把两个事物转化为一个模式。

>>> 保持效应

长期记忆效应的形成相对较慢，但短期记忆可以将事物保存足够长的时间，以便它们留下长期印象。这个过程可能也发生在大脑中，长期记忆效应可能需要通过一段时间的化学变化来形成。在这之前，大脑会以短期记忆的形式来保存原始画面，所以产生了脑电波。大脑系统之所以优势显著，是因为短期记忆就像是一套不断移动的标准，会在长期记忆形成前把信息整理好，这比一次性花费长时间记录所有信息，然后再开始整理信息要方便得多。

分离与综合

特殊记忆表面所做的，就是把事物分解成单元，确立这些单元，然后以各种方式把它们组合起来。特殊记忆表面正是因为具备这种能力，才能成为一个强大的计算系统。大多数计算系统都能够组合信息，但只有少数能够提取和选择信息，或者允许记忆表面自行组织输入的信息。

记忆表面会分离信息，所以才能够区别和选择信息。

记忆表面会组合信息，所以才能够关联、学习和创造信息。

特殊记忆表面之所以能做到这些，实际上是因为它允许信息自行组织。

第 17 章
模式的形成

只要最终形成的模式是连贯的，那么在记忆表面上组成有限激活区域的，就是最可能被激活的单元。可激活性较高，意味着激活阈值较低。如果用果冻来模拟记忆表面，那么激活区域会沿着果冻表面向下流动，低陷处也就是阈值较低的区域。如果用放有积木柱的斜板来模拟记忆表面，那么高柱就是可激活性较高的单元，因为柱子越高就越容易翻倒。"可激活性较高"与"阈值较低"这两种说法是通用的。

单元的可激活性受到各种因素的影响，前文已经逐条介绍，在此处做个总结可能有助于读者理解。最容易理解的模型是放有柱子的斜板，柱子的可激活性与它的高度成正比。一些砖块会长期叠加在某些柱子上，另一些则只会短暂地叠加在某些柱子上，随着时间的推移而变动。任何时候，单元的可激活性都表现为柱子的高度。

1. 如果呈现于记忆表面的模式直接覆盖某个单元，那么该单元的可激活性就会大幅提高。

2. 与已激活单元相连的单元，其可激活性也会提高。一个单元连接的已激活单元越多，可激活性就越高。

3. 每当单元被激活，它的可激活性都会永久地提高一定值。与前两种效应相比，这种效应持续时间更长。例如，在柱子与斜板的模型中，每当有柱子倒塌，都会有砖块叠加到其他柱子上。

4. 单元被激活后，会产生短期记忆效应，并且在一段时间内保持较高于原先的可激活性。

上述四种效应都会提高单元的可激活性。下面的两种效应则会降低单元的可激活性。

1. 记忆表面上的抑制因素与激活面积成一定比例，而且会降低每个单元的可激活性。（在柱子与斜板的模型中，抑制因素的出现相当于某些柱子变高后，翻倒所需的倾斜度变小。）

2. 单元被激活后，它的可激活性会急剧下降（疲劳因素），不过也很快就会恢复。

初看之下，短期记忆效应会增加单元的可激活性，而疲劳效应会降低它们的可激活性，两者理应不相容。然而，这两种效应是可以结合的。图37表示了不同时刻的柱高。当一个模式覆盖在某个单元上，单元被激活，并且它的可激活性提高。然后疲劳因素开始发挥作用，把该单元的可激活性降低至低于未激活状态的水平，不过持续时间较短，短期记忆又会将单元的可激活性提高到高于未激活状态的水平。之后，单元的可激活性又会缓降至一个仍高于未激活状态的水平，并保持下去。

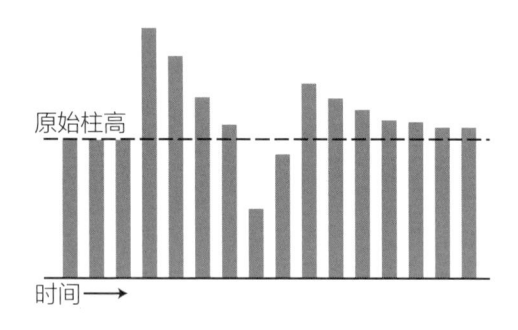

图 37

在柱子与斜板的模型示例中，作为单元的柱子本身就表明了自己的可激活性会如何变化。变化也未必需要体现在单元本身，它可以体现在周围的其他单元上。也就是说，短期记忆效应有可能通过单元之间的关联来产生，所以激活区域较可能流回最早激活的单元。短期记忆效应在每个单元上的表现不同，这足以说明有限的激活区域会如何停留、如何移动。这个激活区域的行为也足以说明，特殊记忆表面能够处理信息。

第 18 章
特殊记忆表面与内外环境

特殊记忆表面在处理信息时就像是拥有了自我，其注意力会在环境各处之间游移，对环境表征有所选择，也有所忽略。这个"自我"会将各个模式组合起来，创造出现实中根本不存在的新模式；或者从周围环境中提取一个小模式，通过想象来进行拓展。特殊记忆表面的"自我"意识是统一的，然而，这些行为实际上都是该表面对信息的被动组织。

特殊记忆表面虽然拥有"自我"，但丝毫没有自私的迹象。事实上，它就像圣贤一般无私纯洁，所以它非常脆弱，如果得不到保护、需求得不到满足，那么这个特殊记忆表面根本无法延续。它从不关照自己的兴趣，因为它尚未意识到自己有兴趣，简而言之就是，它不会趋利避害。特殊记忆表面会根据自己对环境的熟悉程度，从环境中挑选模式，然后对所选模式加深了解。因此，记忆表面所具备的知识等信息，完全取决于它收到模式的顺序和频率，而且它的知识不受兴趣的影响。在特殊记忆表面看来，环境的所有部分同样可取，它会不偏不倚地处理环境所呈现的信息。这种系统无法辨别表象是有用的、有害的还是一般的，对承载它的生物而言是非常低效的。

根据本书前文所述，记忆表面算是一种无形的信息处理设备。撰写本书，其实是为了说明记忆表面的信息处理（思考）行为。但私利可能会严重影响这些行为，因此有必要纳入讨论。

要让特殊记忆表面具有私利，就必须让它依附于某种载体。而载体只是一个有机体，需要依赖环境中的某些事物来生存。而为了生存，这个有机体还需要避免某些事情。它要对环境作出反应，也要满足环境的需求。诸如疼痛这类知觉，是有机体对外部事件作出的内部反应；诸如饥饿等知觉，是需要外部作出反应的内部事件。

我们不难想象一个记忆表面要同时应对两个环境（图38），其中一个是普通的外部环境，根据本书前文所述，这是记忆表面必须处理的对象；另一个环境由记忆表面所附载体的内部事件提供。这两个环境都能够向记忆表面呈现模式，但来自两者的模式类型有所差异。内部环境呈现的模式反映了载体的状态，例如疼痛与饥饿；这类模式是固定的，往往会持续主导记忆表面的行为，直至载体状态发生变化。记忆表面对这类模式的关注可能会波动，但不会像对待某些外部模式那样完全回避。

图 38

外部环境中的事件不仅可以把模式呈现给记忆表面，还可以顺带影响载体，从而激活记忆表面上的模式。例如，我们打针时会感到疼痛。任意两个模式连续出现，例如，注射器和疼痛这两者连续出现，记忆表面就可以把它们关联起来。记忆表面一旦在两个模式之间确立了联系，那么载体看到注射器就会立即感到恐惧，直至注射器从载体拔出。这个过程相当直观，其中的恐惧不排除载体内在或本能的恐惧。

载体内部产生需求后，情况就会变得复杂起来。诸如饥饿等需求是记忆表面上一种显而易见的模式，比起载体通过感官从外部环境中提取的模式，就显得模糊且非常不精确了,但真实存在于记忆表面上,并且占据主导地位。饥饿等模式可能原本就与其他模式之间相互联系,这意味着,如果环境中存在与饥饿相关的其他模式,那么记忆表面就会关注它们。记忆表面与环境之间的多数联系并非原本就存在,而是记忆表面通过经验而建立起来的。

如果饥饿是载体所需,那么载体中很可能存在两种相关模式,这两者都取决于载体的状况。其中,一种模式是"饥饿之需",另一种模式是"饥饿之悦"。如果一个事件既能在记忆表面上留下模式,又能改变载体而使其产生"饥饿之悦"模式,那么它就能让载体感受到缓解饥饿或进食果腹的愉悦。这个事件留下的模式与"饥饿之悦"模式会通过前文所述的机制,在记忆表面上相互关联。同理,"饥饿之需"模式也必然是以某种方式与"饥饿之悦"联系起来的。之后,"饥饿之需"会引导记忆表面选择那些曾经与"饥饿之悦"相关的对象。如果两者之间的联系能稳固确立,那么光是外部模式就可能激活"饥饿之悦"模式。

在这种情况下,与内部需求相关的唤醒机制、满足机制或愉悦机制都不重要。我们应该关注的是,载体内部产生的模式入侵了干净的记忆表面,也会对注意力产生引导作用。这时候,记忆表面并非让外部信息自行组织,而是选择一些信息、忽略另一些信息。它的选择行为不再只是基于自己对环境有多熟悉，而是基于信息是否有用。信息仍然在自行组织，但此时，这些信息既来自外部，也来自内部。

内部环境会随着身体状态的改变而时时变化，因此记忆表面对外部环境的反应也可能因时而异。面对完全相同的外部环境序列，干净的记忆表面会保持相同的模式，但自私的记忆表面因为依附于载体，就另当别论了，毕竟载体的内部环境可能不同。载体让记忆表面更有个性。

记忆表面有了自私这一属性后，在处理信息时可能会歪曲信息。它的信息处理行为不再是出于本能，而是出于信息有用。要在环境中生存并适应环境，自私也许必不可少，但这样可能就无法把信息最大化。

由于记忆表面仍然是被动的，因此如果记忆表面上的某个模式或想法具有情感偏好，那么它就会与内部模式关联起来，并主导记忆表面。接着，记忆表面会在主导模式与它最初接收到的模式之间建立起联系。此后，记忆表面在处理信息时会首先得出结论，然后把结论朝着初始模式方向进行合理化。初始模式发展成某种模式则不同，这个过程是遵循在发展途中自然排列的模式来进行的。在这个自然发展的过程中，一个模式是否主导记忆表面，取决于记忆表面上已经存在的模式序列和已经累积的经验。

第 19 章
特殊记忆表面的规则

通过前文的叙述，特殊记忆表面已经逐渐成形。不同属性先后加入，逐步完善了记忆表面的结构，让它变得越来越特殊。然而在进行这番完善之前，记忆表面仍然是一个相对简单的机制结构，它的行为又取决于它的结构，正如一台洗碗机的功能取决于设计它的人。

特殊记忆表面的行为非常有用，能选择信息，也能忽略信息；能把画面分割成单元，也能利用画面的片段创建新的单元；能从混乱的信息中提取模式，也能从变化的信息中提取标准模式；能用一个符号表示整个模式，甚至还能将一个符号解释为整个模式。所有这些行为集于一体，构成了特殊记忆表面这个卓越的信息处理系统。但该系统有所局限，而这些局限又与它的优势密不可分，因为换一个角度看，局限也是优势。例如，系统能够建立固定模式，意味着这些模式难以改变；系统能够创建新模式，又意味着哪怕环境中并不存在这些模式，它们也可能被当成环境的一部分。

我们可以认为，特殊记忆表面上所发生的事情属于另一个宇宙，它的行为规则与我们生活其中的宇宙截然不同。假设特殊记忆表面是一个桌面，呈现于表面的模式是放在桌面上的物体，那么模式的放置规则就是非常多样的。如果把一件大物品，例如一大包谷物放在桌面上，那么大脑遗忘它的过程就相当于它在逐渐消失。大脑会只记住它的一部分，例如标签。然后标签就会让大脑去联想这包谷物的其余部分。这个过程会重复下去，直到大脑依次想起这包谷物的所有部分，整个包裹就会在脑海中突然缩小、失去细节，但仍然是大脑的一个记忆对象。

如果将两样不同的物体放在桌面上，例如一个荷包蛋和一片吐司，那么桌面只会留下其中一样，让另一样消失；如果这两者其一已经在桌面上，那么添加其二则会导致其一消失，或者其二本身也会消失。还有一种可能，那就是部分荷包蛋和部分吐司不会消失，而是组合在一起，例如半片吐司上放着半个荷包蛋；如果荷包蛋和吐司都留在桌面上，那么它们可能会交替出现和消失，直到组合成形；此后，如果吐司任何时候都在桌面上，即记忆表面上，那么载体一看到吐司就会联想到荷包蛋，反之亦然。

显然，桌面这个特殊宇宙的行为奇特，与普通的物理宇宙差别很大。在普通宇宙中，我们把荷包蛋放在吐司上以后，它们并不会乱动，不会作出任何怪异行为。普通的加法是把一件事物与另一件事物相加，结果是两者之和。然而这个桌面的加法规则却不是这样，而是两个事物的总和始终与其中一个事物的大小相等，并且两个事物本身的大小也始终相等。无论相加的事物有多少个，它们都遵循该规则。在这个特殊宇宙中，加法除了会发生在空间上，还会发生在时间上。也就是说，两个事物相加的结果可以是其一跟随其二，顺序始终不变。

如果去假设特殊记忆表面只是普通宇宙的缩影，假设不同的单元可以转化成普通宇宙中的事件，就像人们用胶片电影或者数学符号来解释普通宇宙那样，那么我们是无法透彻理解特殊记忆表面的。既然特殊记忆表面的宇宙遵循另一套行为规则，我们就只根据那些规则来理解特殊记忆表面。

第 20 章
d 线

群灯模型表面闪烁的光照图案和流淌过果冻模型表面的一勺热水，都可以代表记忆表面上激活区域的流动——面对环境，记忆表面会先后挑选出一个又一个模式，既会对环境作出反应，也会遵循自己的模式序列。激活区域如何出现、如何移动，用模式来模拟会非常烦琐，但使用一些符号来表示激活区域的行为就方便多了。

记忆表面接收到的独特模式会激活表面上相应的区域，组成区域的是一组独特的单元，每个单元都可以视为记忆表面不同位置的点。图 39 表示记忆表面上的一个区域，其中每个位置只有一个点，所以每个点都是独一无二的。这组独特的点代表记忆表面上的激活区域，一组独特的点会形成独特的模式。

不过激活区域内的这组独特的点未必排列紧凑，它们也可以排列成一条线，这条线也相当于一片区域，也是独特的。如果你在纸上画出多条线，那么每条线都会覆盖一组独特的点。这些线不一定要形状各异，使它们独特的是它们的位置。图 39 的直线与图 40 的直线覆盖着不同的两组点，因此两者完全不同。如果将整张图片视为记忆表面，那么其中的每个点都是一个单元。然后我们可以把所有低阈值的单元用一条线连起来，以此表示它们在激活区域内的排列方式。这条线可以称为"d线"，代表激活区域，由被激活的低阈值单元组成，它们也就是记忆表面上形成的轮廓。因此，d 线其实代表记忆表面所记录的模式。

图 39

图 40

单元被激活的频率越高，它的阈值就越低，这个过程可以通过反复连接 d 线来表示，但这么做的话我们就无法判断 d 线的重复频率。所以我们不妨往旁边一挪，贴近第一条 d 线平行地画出第二条 d 线，那么两者都能一目了然。这么画纯粹是为了便于读者理解，实际上每当记忆表面上的某个模式被激活，就相当于有一条独特的 d 线覆盖着独特的点，我们不用每次都把 d 线画出来。我们只需要知道，各个模式所留下的痕迹可以用多条线来表示。只要明确模式激活的顺序，那么无论是一条线、两条线还是三条线，都足以表示激活原理。图 41 展示了两个 d 线模式，假设记忆表面对第二个模式更熟悉，那么第二个模式用两条线表示。

━━━━━━━━━━

━━━━━━━━━━

图 41

两个不同的模式可能有所相同，会在同一记忆表面上有所重叠。也就是说，该记忆表面的某些点会被两个模式覆盖。我们可以用 d 线来表示完全相同的部分，那么如果两个模式都覆盖了某两点，连接两点的 d 线就会重叠。但这样的视觉效果让我们无法判定其中有两条 d 线重叠在一起，所以我们不妨移动第二条 d 线，使它平行地贴近第一条d线，以此表示d线连接了两次。

如图42所示，无论第二条d线是完全重复第一条d线，还是只重复第一条d线的一部分，重复部分都可以显示为一条d线。这并不奇怪，因为重叠相当于重复。因此，如果两个模式都覆盖某些点，那么这些点就会被激活两次。只要两个模式中的任意一个模式再次覆盖，这些点就会被再次激活，就像两条线一样凸显出来。

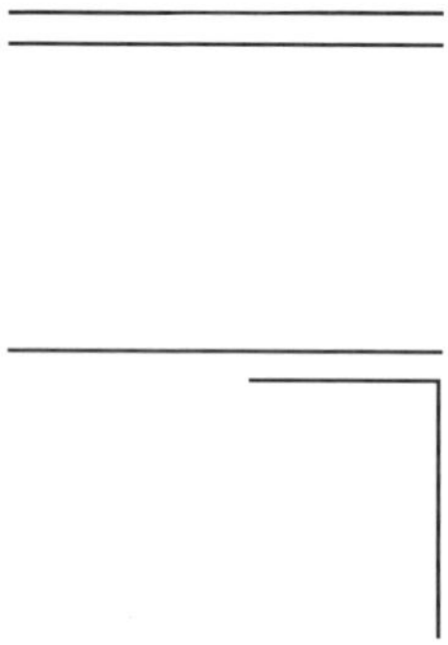

图42

记忆表面上的激活区域就是注意力的范围，它是有限的，因此任何时候能被激活的d线长度也是有限的。每段d线都代表注意力的范围或跨度。如果不想用d线来表示注意力范围，我们也可以改用圆圈。

注意力会按照记忆表面的规则沿着d线流动。这些规则决定了激活区域会如何流动，例如，受制于哪些疲劳因素、遵循怎样的既定轮廓。表面轮廓、重复频率、确立程度、阈值高低以及可激活性高低,都以不同方式说明了为何记忆表面上某些区域较受欢迎,为何激活流总是优先流向这些区域。

记忆表面接收到的模式能激活 d 线的某一段,那么要表示注意力从那一段开始流动的话,我们可以在它旁边画一条虚线,如图 43 所示。

图 43

现在,我们可以把 d 线作为符号,用来表示特殊记忆表面的一些基本行为。

>>> 片段与连续性

在记忆表面上,注意力会将大模式分解成一个个单独的区域,每个区域都会激活一段 d 线。图 44 展示了一个简单的图解——画面被分为两块,每块都会覆盖一条 d 线。两条 d 线有所重叠。这个画面如果重复出现,这两条 d 线就会被重复覆盖,并确立一个注意力的流动序列,此后注意力会始终沿着这个固定的顺序流动。注意力可

图 44

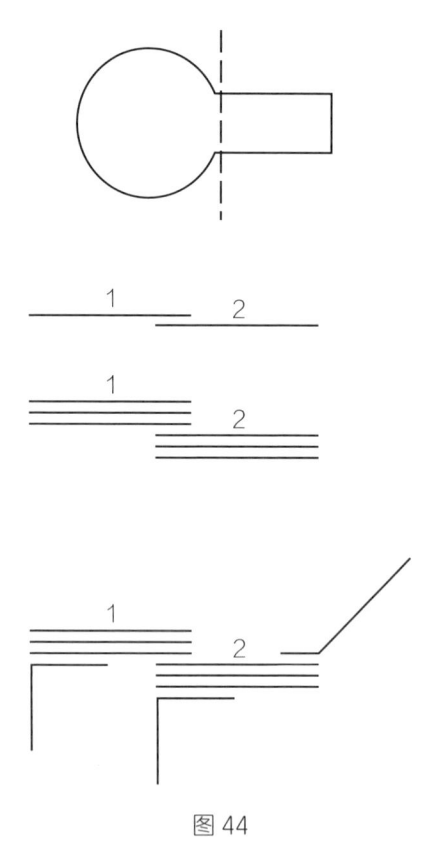

能会快速流动，也就是说，这个固定的顺序实际上是把两条单独的 d 线拼成了一条。画面往往是整体呈现于记忆表面的；d 线这个模式被覆盖的次数越多，就越能够从所有模式中脱颖而出，而注意力流向其他区域的可能

性就越小。因此，虽然画面被注意力分成了两块，但由于注意力流动顺序固定，因此记忆表面接收到的图片仍然是完整的。

然而，如果画面本身不重复，而是穿插于呈现给记忆表面的其他模式中，如图 45a、图 45b、图 45c 所示，那么这些模式中包含该画面的部分会在记忆表面上留下最深的痕迹，这些痕迹会作为一个完整的模式独立发展。此时，注意力不会再按照固定的顺序流动，记忆表面可能会把画面视为两个独立部分的组合，而不再是一个整体。图 45a、图 45b、图 45c 中的 d 线就说明了模式的部分重复是如何逐渐分离出来变成一个单元的。

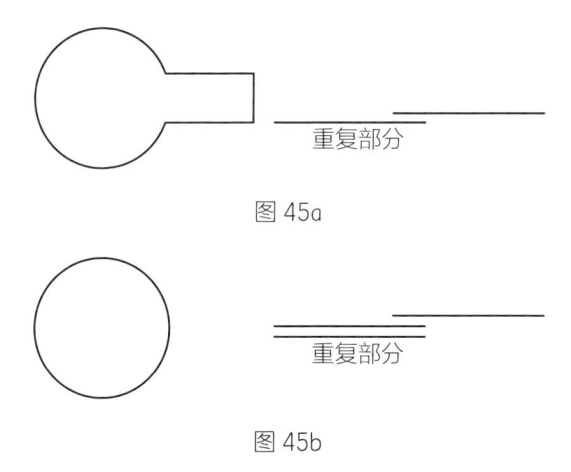

图 45a

图 45b

图 45c

由此可见，记忆表面是将一个画面视为一个整体还是独立单元的结合，取决于该画面如何重复，以及分散注意力的其他模式如何出现、如何重复某些单元。将画面视为单元的结合，这种做法可能会妨碍记忆表面以另一种方式看待画面。如果一个单元组合经常完整地出现，以至于记忆表面自然而然地把它们视为一个整体，无法再分别看待其中的每个单元，那么情况就不妙了。此时，记忆表面不再能区分哪些部分是真实画面、哪些部分是由自己创造而来，也不再能区分这个整体是真实画面，还是注意力遵循固定顺序流动而形成的产物。

>>> 转移

如果注意力的固定流动顺序发展成模式，那么它就可以吸引所有较小模式中的激活流。图 46、图 47 展示了记忆表面上可能形成的模式，但如果该表面上已经存

图 46

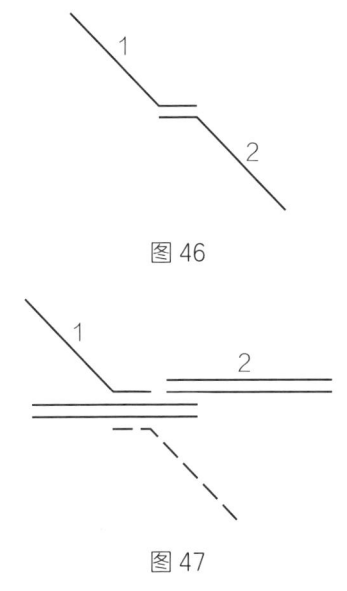

图 47

在轮廓更深的模式，那么注意力的流动就会被这个更深的模式吸引而转移，而尚未形成轮廓的模式则根本不会建立。就像我在马里波恩时，根本没有注意到红绿灯顶部的特殊设计。如果将红绿灯看作一个金属物，那么我会发现它的杆子顶部设计奇特，顶部附近只不过是恰好有灯。从未见过红绿灯的人，他们的记忆表面可能会把红绿灯当作金属物来处理。而对于一般人，红绿灯其实包括在一个轮廓较深的模式中，而这个模式与驾车有关。毕竟在红绿灯的作用中，指示交通比点缀街道更重要。所以大多数人的注意力都会被这个轮廓较深的模式吸引，忽略红绿灯顶部的奇特设计。

>>> 强调

向心与转移相似，但更完整。如果输入的新模式与记忆表面上的既定模式不兼容，那么这个新模式本身可能根本无法建立。新模式能否建立、如何建立，往往要参考旧模式。如图 48 至图 50 所示，要是记忆表面上没有既定模式，那么新模式就可能被完整地建立。但要是存在既定模式，那么新模式本身不会被建立，而是会去强调既定模式。这就解释了为何有些事情在当时容易理解，而过后却难以记住。

记忆表面的强调行为非常有用，可以通过一连串大致相同的模式来确立另一个模式。然而，这个最终确立的模式受到的最大影响来自最先建立的模式，所以最终模式其实并不是所有模式均衡产生的结果。

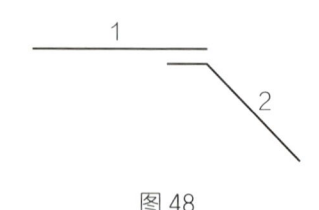

图 48

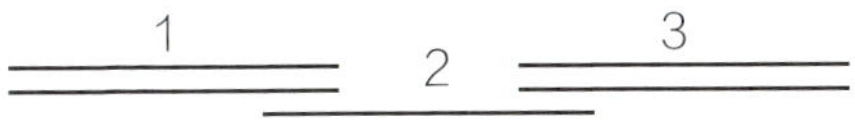

图 49

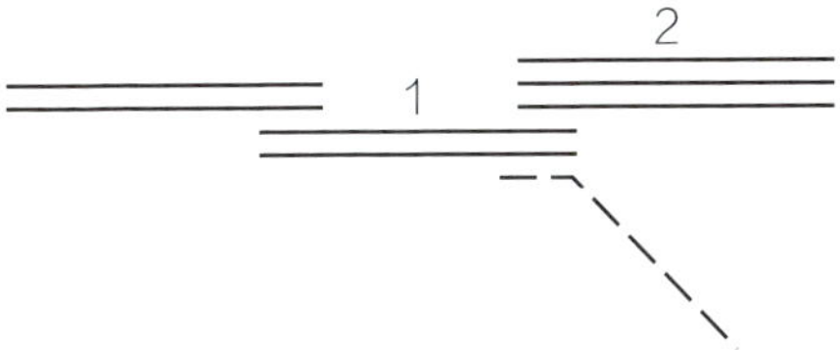

图 50

>> 极化

记忆表面上导致向心和转移的行为也会导致极化。如图 51a、图 51b、图 51c 的 d 线所示,如果记忆表面接收到的画面没有被注意力自然而然地分解成一个个单独的区域,而是被分解成既定单元,那么极化就会发生。在图 51a 中,呈现于记忆表面的画面被注意力自然地分解成单元。如果有可用的既定单元,那么如图 51b 所示,注意力分解画面的过程会用到这些单元,并且必然会创建一个新的区域来连接它们。这个连接比单元本身弱势得多,所以记忆表面会将原始画面视为两个既定单元的偶然组合。

这么做的风险在于，既定单元可能并非最适合的单元，而且这些单元本身会导致其他模式建立，使分解发生得更加广泛。极化是有利也有弊的，如果没有之前形成的既定单元，记忆表面就难以识别新的情况并快速作出反应。既定单元特别能够提高记忆表面的效率。

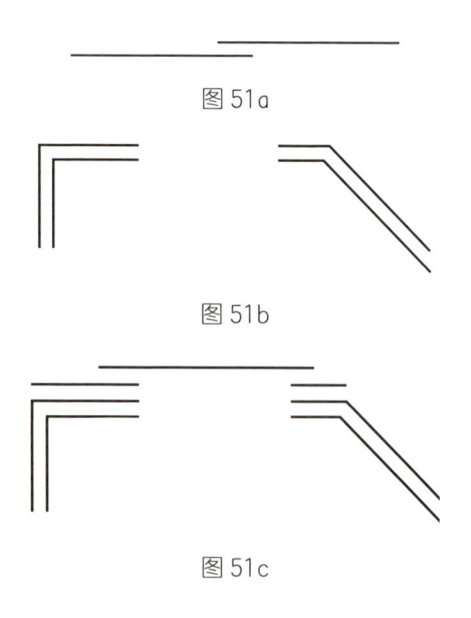

图 51a

图 51b

图 51c

>>> **单元大小**

随着时间的推移，建立在记忆表面上的现成单元会越长越大。记忆表面上的激活区域有限，其大小由记忆表面的机制决定，所以激活区域和关注区域都不会变大。注意力会按照流动顺序来确立大模式，而固定顺序中的单元哪怕被多个注意力区域或其他模式所覆盖，也能作为单元发挥作用（图52）。

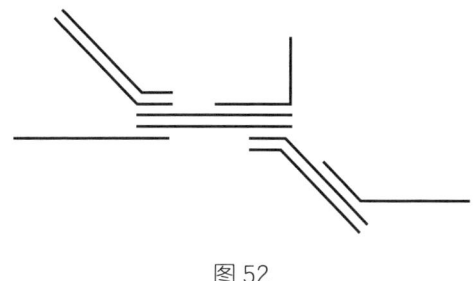

图52

记忆表面会自然而然地使既定模式越变越大，完全不会去破坏模式。大模式可以作为一个符号来发挥作用，但这不会改变它是一个大模式的事实。记忆表面一旦能使用符号，那么外因破坏模式的可能性就更小了。

如果要记忆表面快速地理解环境，并对环境作出反应，那么比起小模式，大模式会更有用，但灵活性较差。大模式能够使记忆表面对新情况快速地作出反应，但这些反应并非时时都适宜。

假设你要在平面上设计一串项链或念珠，如图53、图54所示，那么小珠子就会比大珠子适用。小单元往往比大单元更好组合。

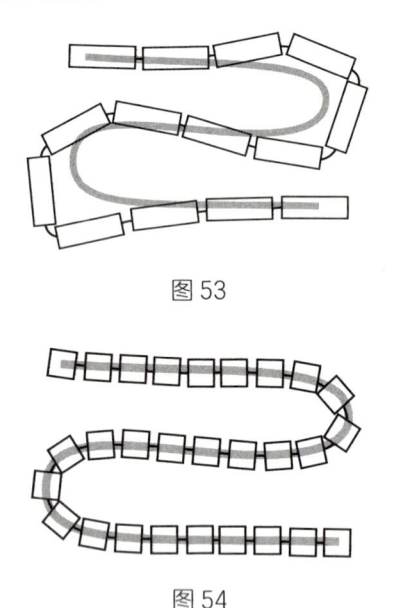

图 53

图 54

>> 提取

提取行为看似需要记忆表面有意识地在几个不同的模式中，挑选出它们的某些共同特征。但提取其实是特殊记忆表面的自然行为，是被动的。在记忆表面上，各个模式的相同部分覆盖着相同的区域，因此这些模式呈现于记忆表面时，它们的共同特征都会被重复记录。这就是为什么记忆表面能够提取模式之间的共同特征，提取行为在信息处理方面是非常有用的。

>>> 注意力流动的起点与顺序

记忆表面将 d 线用作符号以后，注意力总会流向重复次数较多的 d 线片段（相当于记忆表面上的激活区域移动到阈值最低的单位）。也就是说，哪怕 d 线片段实际上毫无变化，注意力的流动状态也可能大不相同。注意力流动的起点不同，可能是因为呈现于记忆表面的模式以不同的顺序覆盖了 d 线的不同片段。从图 55、图 56 这两张 d 线图中可以看出，模式覆盖的起点不同，注意力的流动状态就不同，最终状态也不同。这意味着，即使模式不变，记忆表面关注这些特征的顺序也会对结果产生较大影响。大多数情况下，人与人之间发生争论都出于这个原因。

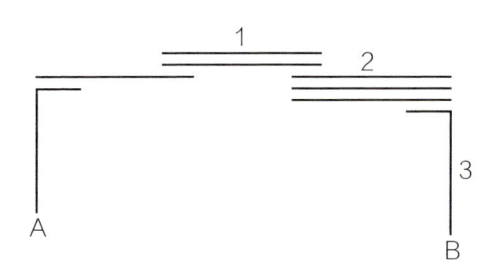

图 55

图 56

特殊记忆表面可以把 d 线用作符号,以便解释在自己身上所发生的活动。d 线代表了重复与关联,这两种行为引导着注意力的流动。注意力的流动对于信息处理非常重要,可能是记忆表面进行学习的基础。注意力的流动也就是思考。

有了 d 线这个符号,我们可以更好地解释特殊记忆表面的各种行为,但 d 线并不能证明任何事物,只是比文字更便于描述事物。不过在某些情况下,d 线本身的行为可能表明特殊记忆表面会产生这种行为,而这一点又可以进而验证 d 线自身的行为。

第二部分

大脑如何思考

思考的机制

EDWARD DE BONO

第 21 章

特殊记忆表面的性质

图 57、图 58 展示了自行车前轮在一些极端不寻常情况下的形状。通过仔细观察这些形状的特征,我们可以猜测这辆自行车的骑行状况。系统性能由系统性质决定,按照这个理论,如果自行车的轮子是方形的,骑行就不会平稳;如果自行车的轮子是圆形的,骑行就不会颠簸。

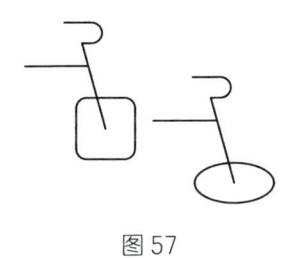

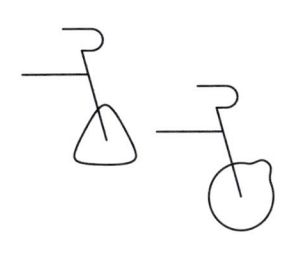

图 57

图 58

第一部分讲述了特殊记忆表面这个系统的性质,这个过程相当于观察自行车的轮子,对轮子的形状有个大致了解。此后,我们要利用"形状"来确定自行车系统是怎样运作的。我们要能够猜测系统会产生哪种行为,要能够解释系统确切产生的行为,最后还要能够设计出改变系统行为的方法。最重要的是,我们要认识到系统本来就有缺陷。

建筑用砖一般是长方形的,但仍然可以用来建造轮廓弯曲的拱门和圆柱形的工厂烟囱。一个流氓往往不敢胡作非为,但一群流氓的威胁性就非常高了。不过哪怕仔细观察系统的各个部分,我们也并不一定就能推断出整个系统的行为。如果只研究系统的各个部分本身而忽略它们之间的关系,我们就会更难推断出系统行为。前文已经讲述了记忆表面这个系统的组织,但重点讲述的是系统的各个部分是如何集于一体并发挥作用的。特殊记忆表面是一个系统,它的行为不仅取决于各个部分的性质,还取决于这些部分的组织。

特殊记忆表面的性质决定了它必然会普遍地产生某类行为,例如,它的模式会变得越来越僵化。整个系统的运作方向是建立并巩固模式,让模式单元越长越大、让轮廓越走越深。特殊记忆表面只是为信息提供了自行组织的机会。在这样一个自组织系统中，信息不太可能变得越来越无序。

我曾经看过一场马戏表演：一个漂亮女孩骑着一辆镀金的自行车进入擂台，然后自行车逐渐碎裂，最终她只骑着自行车仅剩的后轮。这场表演十分优雅，在女孩大部分的骑行时间里，自行车前轮都离地，这一点许多专业的自行车手都能够做到。如果骑行者骑的是自行车的后轮，那么前轮的形状就不再决定骑行状况，哪怕前轮是如上所述的畸形，也不会造成任何影响。

砖块可以是长方形的，哪怕你选择用它们来建造一个圆柱形的工厂烟囱，它们也可以满足你的要求。因此，决定所发生之事的也许并非系统本身，而只是系统的使用方式。如果一辆自行车的前轮是方形的，而你选择只骑在后轮上，那么前轮的形状并不会影响骑行过程。那么我们可以推测，记忆表面的性质也许并不能决定上面会发生什么活动。

你可以在平底锅里煎荷包蛋、炒蛋或煎蛋卷，也可以选择其他烹饪方式，但在这个系统之外，必须有另一个"你"来决定做哪道菜。放任系统而不作为的话，系统会根据自己的性质来运作。但特殊记忆表面这个系统却不需要外部操纵，完全在自身内部运作。特殊记忆表面能够自行组织信息，因此难免让人以为它具有独立的自我，以为它在主动选择信息和引导注意力，而非被动地产生这些行为。

如果你倾向于认为记忆表面只是受到某个信息处理媒介的操纵，那么这个媒介本身又是如何运作的呢？本书只探讨这个允许信息自组织的特殊记忆表面，假定系统无须外部媒介来操纵，但也不排除这个可能。本书着重探讨信息处理，首先，记忆表面是从混乱的环境中提取出一个明确的模式，再确立这个模式。一旦此举达成，记忆表面只需要在环境中获得线索就可以唤醒已经确立的模式。提取与唤醒过程是相互独立的，无论如何，两者之间始终保持着某种平衡。

特殊记忆表面会得出怎样的思考结果？这个特殊的系统还会产生哪些特殊行为？它确实会产生特殊行为，而且这些行为有利有弊。利弊源于同一过程，因此密不可分。羽毛颜色较鲜艳的鸟类可能更容易吸引到配偶、更方便配偶找到它们，但同时，它们对捕食者而言也更显眼。

下文将首先讨论系统的自然行为，然后详述这些自然行为受到哪些固有限制。

到目前为止，记忆表面对接收到的画面做何反应，一直是我们主要探讨的内容。模式就是记忆表面对环境呈现的画面所做的反应，正如照片就是相机底片对镜头拍摄对象所做的反应。记忆表面一旦建立起模式，就会产生更多行为，而这些行为并非它对所接收画面的直接反应。环境呈现的画面可能会在整个记忆表面上产生激活流，而激活流可能产生与环境画面相去甚远的其他事物。激活流可能从一处流到另一处，又返回原处，因此记忆表面无须再次接收到同样的画面也能继续产生同样的行为。我们可以把这种横穿记忆表面的激活流称为"思考"。要记住，特殊记忆表面是一个被动的系统，它其实根本不会主动行事。是输入的信息在记忆表面形成了轮廓，于是激活流或者说注意力经过不平坦的表面时，才会有所导向，时而停顿，时而流动。是激活流在记忆表面上形成自己的轨迹，而非记忆表面自发地引导激活流。

人们曾经一度去尝试解释与构建大脑的思考过程，假设大脑会因为思考而组装图像或概念，把注意力从一个图像引导至另一个图像，以此铺设思考路线。然而特殊记忆表面的思考基础并非图像，而图像也根本无法影响思考过程，它们只是表明激活流停留了足够长的时间，所以才形成了图像。在特殊记忆表面上，图像根本不是引导激活流的轨道。

图 59、图 60 展示了一块地毯的表面，上面有多处凹

陷。在第一个凹陷处倒入水,再把地毯边缘慢慢抬起,那么水会被迫流向地毯表面的其他地方。水会在沿途的凹陷处停留,再继续流入下一个凹陷处,以此类推。水流经凹陷处之间的平坦表面时,流动不会停下。水流可能会在某个区域消失,然后在另一个区域重新出现,而不是直接流到那个区域。这个过程取决于记忆表面的组织。

为了方便读者理解,本书将激活流路线(思考的路线)描述为一连串的图像,它们由 d 线相互连接。不过这绝非意味着,记忆表面不会产生非连续的图像或者进行无图像的思考。

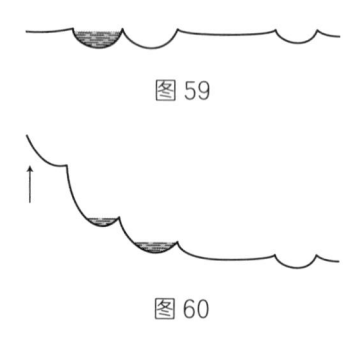

图 59

图 60

第 22 章
特殊记忆表面的思考行为

思考

前文都在讲述激活区域在记忆表面上的流动,现在,我们不妨仅根据 d 线的片段来讨论记忆表面的思考行为。思考是注意力沿着 d 线流动的过程。

上述这个简单的陈述说明了两点:首先,d 线路径已经确立;其次,激活流遵循某些规则。据此,思考本身并不能建立路径,只能遵循既定路径而行。流动的顺序甚至是方向都可能会改变,但路径是保持不变的。后文将讨论路径因何而变,本章则讲述激活流沿既定路径流动的过程。

在英国,许多曾经狭窄的道路已经改建成了宽阔的双车道,车流变得更加畅通。不过在几英里开外,双车道又变回了窄路。d 线也是如此,有些片段重复次数较多,会脱颖而出成为独立的单元。一旦激活流进入这样的单元,流速就会提高,直抵终点。我们可以将整个 d

线模式视为通过尚未完善的路径而相互关联的多个单元。随着时间的推移，路径得到巩固，把独立的单元连接组合成一个更大的单元。不过在这个过程中，各个单元本身是不变的，因为巩固连接路径的过程也巩固了各个单元本身。如图61、图62所示，虽然两个独立的单元组合形成了一个更大的单元，但它们本身仍然没变。如前文所述，更大的单元会降低思考流动的灵活性。

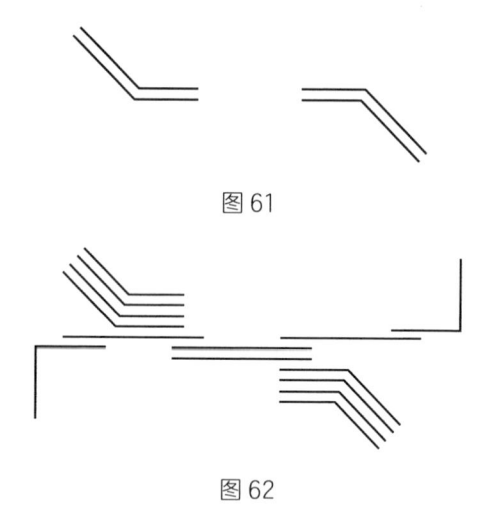

图61

图62

选择与偏好是记忆表面上激活区域的特征，因而也是注意力或思考沿着d线流动的特征。实际上路径会选择自己，但为了便于读者理解（就像每个人以自我为导向一样），本书说的是激活流去选择路径。

虽然流动会沿着 d 线进行，但流动的路径可能会因两种情况而改变。其一，选择方向时，流动的路径可能会改变；其二，覆盖的 d 线片段不同时，流动的路径也可能会改变。那么，流动走哪条路取决于哪些因素呢？

第一个因素是确立程度，即 d 线的重复次数。这是长期记忆效应，会长期降低单元的阈值。第二个因素是流动所遵循的路径。这条路径为注意力提供了流动顺序，也可以说是提供了背景。有了特定的遵循路径，流动才不容易偏移。流动是否遵循该路径，也会受到短期记忆和疲劳因素的影响。不过只要内部模式运作起来，与内部需求的关联终究会压倒所有其他因素。

总的来说，路径的确立程度与流动顺序这两个因素会影响流动的路径。在图 63a 中，注意力沿着使用次数较多的可用路径流动。在图 63b 和图 63c 中，注意力分别朝着两个不同的方向流动，它朝哪个方向流动取决于它从哪里进入路径，两个方向殊途而同归。但如果去掉标记为（Y）的连接，这两种流动的终点就会不同。

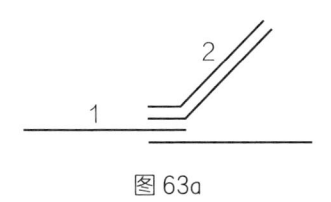

图 63a

图 63b

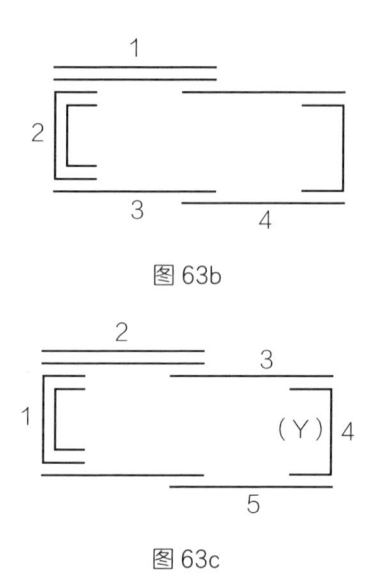

图 63c

要让流动遵循其中一条路径，那么两条路径之间的差异必须有多大？如前所述，两者之间只要有微小的差异就够了，差异则源于记忆表面让信息自行最大化的行为。无论两条路径的吸引力差异是大是小，注意力都会选择较强势的路径。差异大小的唯一要点在于，较大差异可能会让流动更稳定，而较小差异可能会让流动因某些情况而改变。

特殊记忆表面可以基于微小的差异来选择思考路径，而选择是必然的，系统不可能因无法在两条几乎相同的路径之间做出选择而停止运作，这就是它的优势。特殊记忆表面的另一个优势在于，如果一条路径暂时优于另一条路径，那么择优而行的结果就是拉大两者之间的差距。如此一来，哪怕是微小的差异也会继续变大。这个系统的缺陷在于，哪怕两条路径几乎相同，它也只会选择其中较强势的那条而完全忽略另一条，就好像两者相差很大一样。这就像在百米赛跑中，第二名可能只比第一名慢了0.1秒或者2英尺[①]，但只有第一名会得到金牌。在图64所示的d线片段中，A与B之间差异微小，但仍然导致流动选择B，而完全忽略A。

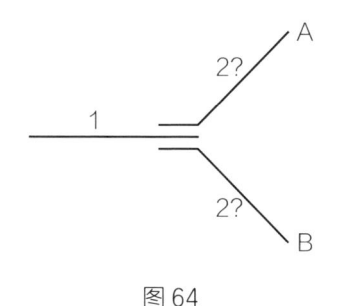

图64

特殊记忆表面这类系统的思考行为非常有趣，可以总结如下：

1. 思考本身不能建立路径。

2. 随着时间的推移，单位往往会变大，从而降低流动的灵活性。

---

① 1英尺约等于0.33米。——编者注

3.流动方向可能在很大程度上取决于它进入路线的起点。

4.两条路线之间的差异再微小,也足以让流动选择其一。

上述四点是系统本质中一些有趣的部分,并未涵盖系统的所有行为。

既定模式的变化

思考沿着特定路径流动,基本上不会改变路径,而是趋于巩固路线。那么,既定模式、既定路线和 d 线片段又是如何改变的?

信息输入记忆表面时,会自行组织形成模式。这些模式自然而然地发展到某个阶段,就是既定模式。偶然出现的某类信息,以及记忆表面收集信息碎片的顺序,都会影响既定模式的发展。由此可见,自然形成的模式可能并非最优,所以才需要教育与学习来进行弥补,来改善它们。那么,自然形成的模式可以通过哪些过程改变?

延伸或扩展

延伸或扩展是 d 线片段最简单的变化。图 65、图 66

展示了一段 d 线片段，它通过注意力的流动而延伸。d 线片段（A）与新模式（E）并列后，两者会因为短期记忆效应而关联起来。连接可能一次形成，也可能需要多次并列才形成。这个过程就像学习加法一样，是一种简单的扩展。就像你发现花园里种着灌木，而灌木上结着鲜艳的浆果，然后有一天你摘下一颗浆果，发现它很美味。此时，花园、灌木和浆果的模式已经扩展到包含了浆果的味道。或者，就像你在一间宽敞的办公室里工作，在午餐时间去到食堂时，反复注意到一位漂亮的同事，然后你想办法得知了对方的名字以及工作地点等，逐渐扩展了模式。

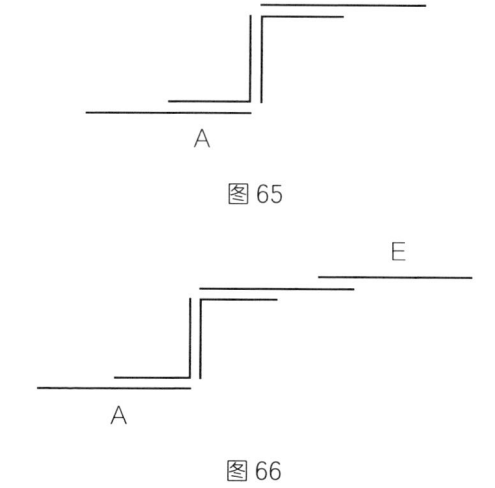

图 65

图 66

转变

如果所有学习过程只是扩展而已,那么教育只要建立最有助于提供扩展机会的模式就行了。某些模式需要经过精心设计而成,但也就仅此而已了。可惜的是,我们可能还不得不改变已经自然进化的模式。因此,学习不只是要扩展,还要转变。从某种意义上说,转变只不过是面对竞争而进行的扩展。如图67a、图67b所示,流动自然地遵循图中的顺序,而学习过程还需要改变这种模式,以使流动沿着虚线而行。

转变并非像扩展那样为原始模式"添瓦加砖",所以实现起来并不容易。原始模式每重复一次都会得到强化,从而更难转变。

记忆表面内部模式之所以能占据主导地位,是因为它们可以阻断自然流动的路径,如图67c所示。这个过程可能涉及载体感到的恐惧或受到的惩罚,其运作方式将在后文讲述。而这种方法的效果相对较差,不只是会阻塞某段路径,而是会阻塞整条路径。此外,如图67d所示,某些积极的内部模式可以吸引流动去选择支路,有望将支路与主路联系起来。那么这里就引出了关于d线符号非常有趣的一点。

如图 67e 所示，如果流动从该路径起步，并向后而行，那么比起一开始就向前而行，这样更容易连接到新路径。

如图 67f 所示，有时，积极地重复支路是一种逆向操作，因为如此一来，注意力会首先被引导至新的重复片段，然后触及可能进入的路径。

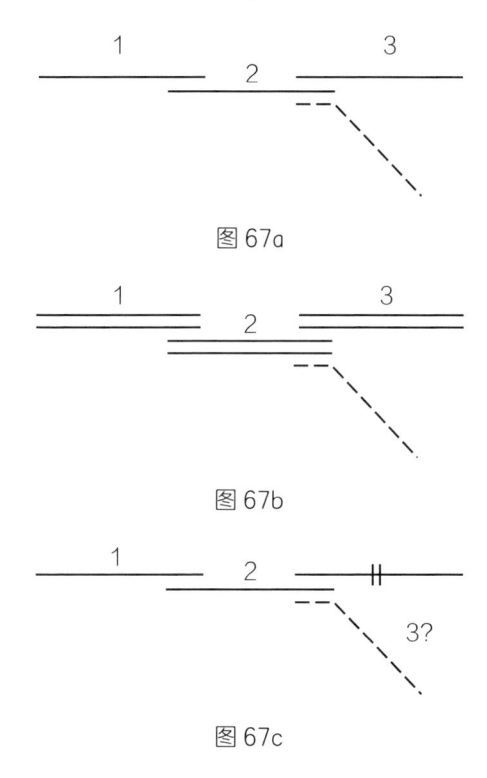

图 67a

图 67b

图 67c

图 67d

图 67e

图 67f

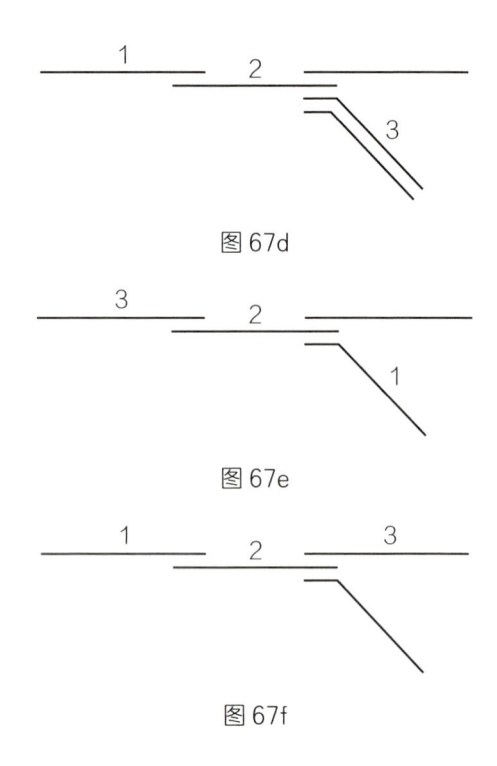

偏好

这是转变的特例,在这种情况下,路径已经确立,但不如另一条路径确立程度深。此时的任务是去重复流动尚未使用的路径,以便它反客为主。如上所述,重复整个模式往往也会重复其中错误的路径。上文关于转变的内容也可以用来说明偏好,不过有一点不同的是,支路可以先单独建立，再尝试连接到主路。但如果流动尚未使用的路径已经是主路的一部分，它就不能单独重复。

上述所有改变既定模式的方法都是循序渐进的，支路在与主路建立连接之前，通常都需要经过多次重复。但要是记忆表面突然学到了某些东西呢？通过洞悉这类过程，既定模式会发生怎样的改变？

既定模式突然变化

这个过程就像是驾驶者沿着道路行驶，隐约看到远处的某物。车辆越开越近，直至撞上该物体，翻倒在沟里。然后，驾驶者看到了牵引机在路边挖沟的画面。从一种解释转变为另一种解释，是非常有趣的过程。先是道路上物体的影像在记忆表面上形成详细的模式，然后模式略有改变，并最终转变为完全不同的另一个模式。

呈现于记忆表面的画面发生变化，会导致它所唤醒的模式突然发生变化，要理解这一点并不困难。突然转变只是说明，记忆表面的组织能够瞬间让信息自行最大化。不太可能被使用的模式会突然变成最有可能被使用的路径。

较难理解的是，为何呈现的画面毫无变化，模式却可以突然彻底改变。图 68 至图 70 展示了六边形，图 69、图 70 的中间是由线条组成的花朵形状。仔细观察图案，你可能会突然发现它也可以由立方体（图 71）堆叠而成，顶部的正方体为 A。

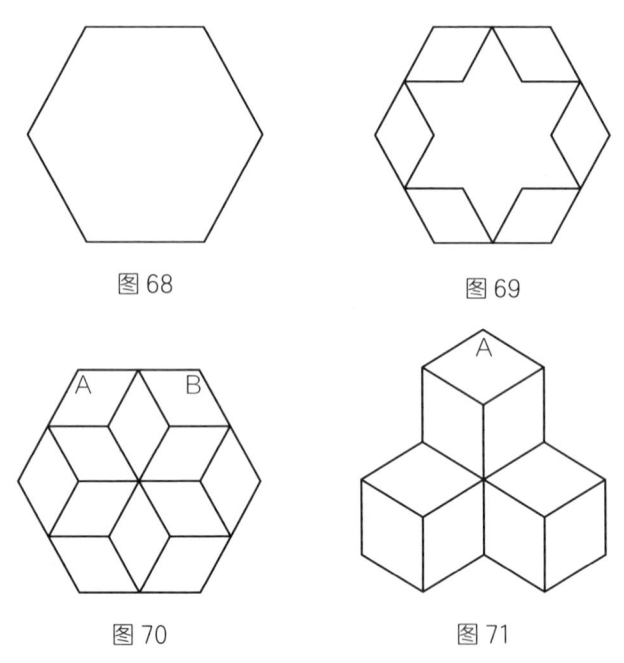

图 68

图 69

图 70

图 71

大脑可能会在灵光一现中发现一道难题的解决方案。此时大脑可能并未获得新的信息，但大脑中的整个事物可能会突然重组，呈现出焕然一新的模式。这个现象会不会发生在特殊记忆表面上？如果流动实际上并未改变

d线模式，那么流动是如何产生新模式的？

有趣的是，新模式不仅是突然出现的，而且还能长期存在，同时外部环境并未发生任何明显的变化。改变模式的其他方法都需要循序渐进，所以这种突然改变就显得非比寻常。

第 23 章

灵光乍现

>> 洞悉

我们可以用两个模型来表示洞悉过程。第一个模型类似于所谓的"短路",执行某任务的过程原本是冗长乏味的,却突然变得迅速简单。如果发生这种情况,那么我们难免会惊叹:"原来如此,为何之前没想到?"这就像开车行驶过一条漫长迂回的路去你最喜欢的餐厅,然后突然发现这家餐厅就在一条小街之外,步行可达。第二个模型是尤里卡效应:某个问题已经无法解决,然后你突然灵光一现,在未获得新信息的情况下想到了解决方案。这两个例子都很可能发生在特殊记忆表面上。

图 72 展示了 d 线片段的"短路"过程。在第一张图中,注意力从位置(A)开始流动,按常规顺序沿着整条回路到达位置(B),完成流动。从开始到完成一共分为 9 步,注意力必然会流向确立较久的 d 线片段,所以它

必然会遵循这个顺序而流动。也就是说，如果注意力从（A）开始流动，它就肯定会流向（C）；一旦到达（C），注意力就肯定会流完整圈回路。注意力不可能只因为疲劳因素而逆流，但没有疲劳因素，就不会发生任何流动。

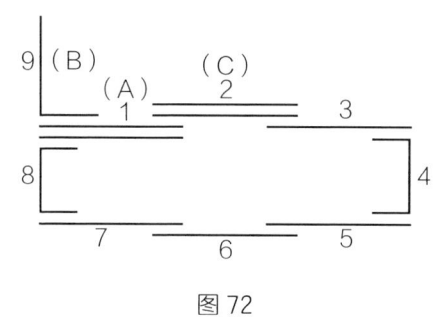

```
9│(B)      (C)
 └─  (A)    2
      1          3
 8                    4
      7    6    5
```

图 72

图73展示的另一组d线片段布局与第一组完全相同，但这次发生了短路，流动不再是9步，而是3步。两条d线片段完全相同，确立程度也相同。短路是如何发生的？解释起来非常简单——如果注意力首先进入（C），那么它必然流向（A），因为这段路重复次数较多；一旦

```
3│(B)      (C)
 └─  (A)    1
      2
```

图 73

到达（A），注意力就会直接流向（B）。由此可见，流向取决于流动从何处开始。

要改变进入短路d线片段的位置，也可以通过改变内部模式来实现。例如，情绪或动机的改变，可能会影响注意力进入模式的位置。当下或之前存在的外部对象也可能影响注意力进入模式的位置。例如，阿基米德跨入浴桶洗澡时，溢出的水改变了他对水的思考。牛顿在花园里散步时，砸在他头上的苹果改变了他对落体的思考。这些事情本身微不足道，但如果它们有助于改变记忆表面对问题的思考起点，那么它们就可能激发灵感。

洞悉现象包含以下三个要点：

1. 问题回路本身（即现有信息）保持不变。

2. 从不同的位置进入问题回路，结果会大不相同。

3. 入口的改变可能是出于无关紧要的因素，这些因素不会影响问题本身，但会影响先前发生的思考。

解决方案得出以后，为何还要持续存在？快速地洞悉问题之后，我们可能会有兴致回顾灵感乍现的过程。一旦找到了答案，注意力就会从问题的起点转移到终点，再从终点开始往回流动，那么沿着问题回路进行思考就不再困难了。我们也可以说，在最初导致起点改变的每个微小差异，都会被解决方案所带来的愉悦感放大，从而让改变定型。随着时间的推移，新的路径会占据主导地位。不过，洞悉到的解决方案可能会被遗忘，仿佛过眼云烟。记忆表面模糊地记得这个解决方案，却不太记得如何使用。

图74、图75的d线片段展示了洞悉的另一种情况。思考从顶端流入，一圈又一圈地流动。当流动回到起点时，疲劳因素已经消失，因此流动可以再次出发。d线模式毫无变化，但入口改变后，流动从回路循环中逃逸，并迅速流到了（S），即突然洞悉了问题的解决方案。这

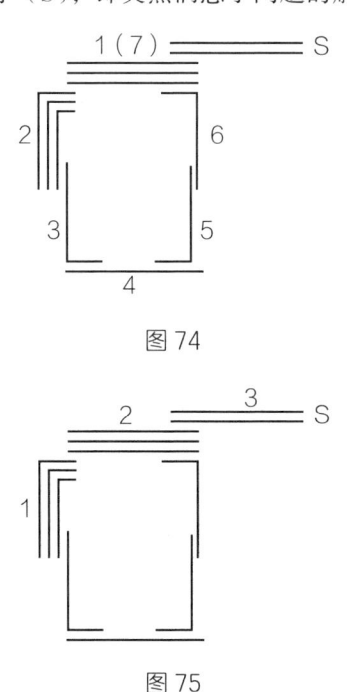

图74

图75

个例子并非短路，而是问题没有解决方案。稍微改变进入回路的入口，则会突然得出解决方案。

如果你给某人一张明信片（图76）和一把剪刀，让他在明信片上剪一个能让脑袋穿过的洞，那么对方往往难以理解。你需要跟他解释说，这个洞要连续，不能将明信片剪断后再拼接。好奇的读者不妨暂停阅读，亲手尝试一下。

图76

大多数人都会一刀剪开明信片，然后沿着边线把它剪成一个长条，如图77所示。他们要么会完成剪裁，要么会在意识到这样最终只会剪成一个长条时立马放弃。然后，他们会弃用这张明信片，重新拿一张明信片来剪。

奇妙之处在于，他们都非常接近正确的解决方案，但无法到达它。他们所要做的，就是别把剪裁后的明信片想成一个螺旋，而是仍然把它看作一张纸片。如果你让对方在一张纸上挖个洞，对方会立即从纸片中间入手。而如图78所示，就很容易剪出一个脑袋大小的空心。

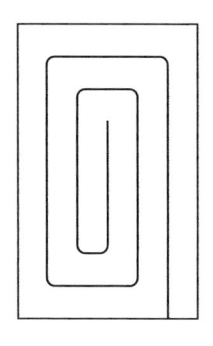

图 77

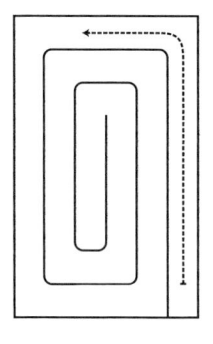

图 78

图79的d线展示了这样一个情况：某人看着明信片，然后对纤细的边缘产生了一些模糊的概念，于是他想把明信片剪成一个螺旋。一旦有了这个想法，他就很可能

直接把明信片剪开。当你告诉他螺旋放下来就是一张纸片之后，他便想到了解决方案。他记下解决方案后，思路便从直接剪开明信片变成把纸片挖成螺旋。

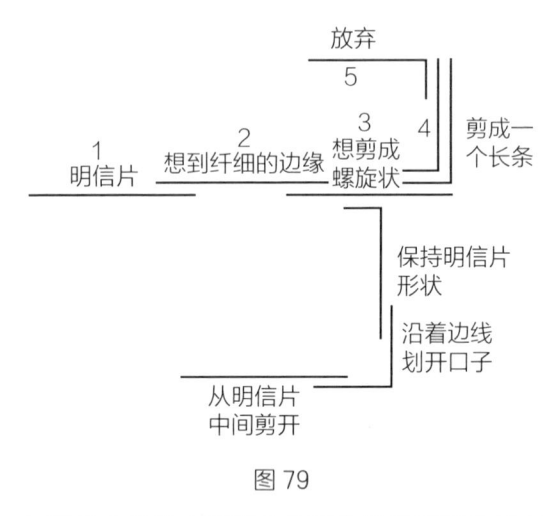

```
                            放弃
                             5
                    2      3     4   剪成一
            1    想到纤细的边缘 想剪成    个长条
           明信片           螺旋状

                                     保持明信片
                                       形状

                                     沿着边线
                                     划开口子

                                 从明信片
                                 中间剪开
```

图 79

如果某人把剪成螺旋状的明信片放下再拿起来，他就很可能仍然把明信片看作一张纸，而非一个螺旋。有趣的是，他就算没动手去剪而只是在看，也会趋于将螺旋视为一张纸片，由此想出正确的解决方案。

这个过程可以表示为，在标有"螺旋"的 d 线片段上可能有一个路径切换点，此处有两条路径可供选择，一条通往"剪裁后的明信片是一个长条"，另一条通往"剪裁后的明信片仍然是一张纸片"。从切换点开始重复走第二条路径，可能足以让大脑认为"剪裁后的明信片仍然是一张纸片"，从而解决问题。

这个过程当然也可以发生在特殊记忆表面上。每当流动需要选择路径，并且两条路径之间的确立程度相差较小时，确立程度的微小变化可能会让流动突然改变选择，流向解决方案所在的终点。这种非常微小的变化可能出于多种原因，例如情绪变化，或者最近以另一种模式使用该 d 线片段的经历，这些都足以激活短期记忆效应。一旦切换路径，那么记忆表面对问题的关注顺序就会改变，这就是为何解决方案会被记住。不过，流动未必会永久改变自己在切换点所做的选择。

特殊记忆表面可能洞悉问题，并且这个现象是无法回避的，因为激活模式的顺序与模式本身都决定了结果。这就是为何特殊记忆表面既能够循序渐进地学习，也能够幡然醒悟。

注意力的流动序列是因偶然输入的信息而建立的，序列可能突然重组，以便记忆表面最大限度地利用这些信息，因此洞悉式学习极具价值。此外，如果是进入序列的入口改变而导致洞悉，那么我们就可以有意地提高记忆表面洞悉问题的可能性。要实现这一点，我们并不是关注问题本身，而是要关注问题所在的环境或背景。

我们也可以有意地从不同的点开始关注问题，甚至随机借助外部刺激的干扰。这些内容将在后文关于水平思考的章节中详述。

>>> 幽默与洞悉

通过幽默，我们看待事物的方式会突然改变，这个过程与洞悉完全相同，两者必然发生在特殊记忆表面这类系统中。像计算机那样线性运作的系统既不会发生洞悉，也不懂得幽默。在线性系统中，始终只有当前状态可能达到最佳状态，而且不可能突然洞悉出某个解决方案。

有意思的是，幽默所带来的愉悦与洞悉问题而突然产生的愉悦相关。实际上，我们突然发现某个问题的解决方案时，往往会不自觉地笑起来。我们因解决了问题而感到愉悦，所以解决方案就成了注意力进入问题回路的起点，从而让大脑记住解决方案，因此这种愉悦很可能是洞悉机制的重要组成部分。

信息必须遵循某个顺序输入记忆表面，然后自行组织，而洞悉机制能够最大限度地发掘这些信息的价值，所以总的来说，洞悉机制在信息处理方面极具价值。尽管如此，洞悉仍然是一个不太可靠且随意的过程，但它又在某种程度上弥补了这一不足。

洞悉是切换视角的过程，我们可以用10枚硬币组成的三角形来表示它，如图80所示。这个三角形朝上，那么如何通过只移动3枚硬币使三角形朝下？

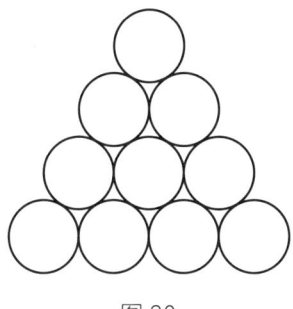

图80

有几种方法可以做到，但很多人没有意识到方法不止一种，所以觉得这个问题这很难解决。图81展示了最简易的解决方案：不把这些硬币整体视为一个三角形，而是把它们视为一朵外带三枚硬币的玫瑰花。把这三个点顺时针换位，三角形就会朝下。有意思的是，大脑一旦发现解决方案并认可它，就会马上记住它。

在解决问题时，我们都不该忽视一个事实：解决问题的过程要有一个明确的起点和一个期望的结果，能将这两者联系起来的才是解决方案，由它把两个独立的模式组合成一个连贯的模式。记忆表面上的这种物理变化

图 81

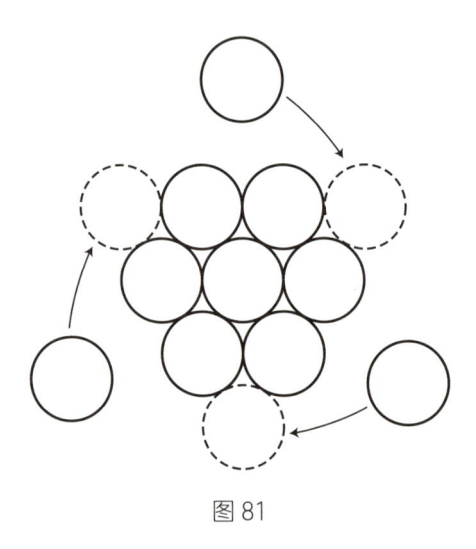

本身可能表明,在解决问题的过程中使用一次解决方案,就会让记忆表面牢记通往它的路径;而在其他情况下,只能通过重复进入新路径来改变自然流动的方向,这可能是因为缺乏其他路径与之相竞。大脑需要再获得一丁点信息才能得出解决方案,信息只有一丁点,往往让人以为是自己突然洞悉到了解决方案。

≫ 改变模式的更多方法

如果某种特定的思考流动模式导致特殊记忆表面产生某种行为,那么这个行为的结果会导致记忆表面上发生更多活动。例如，你感到饥饿的时候，可能会去摘苹果；看到苹果后，可能会想到用小刀来削皮，以此类推。当然，这个过程也可以事先计划好，但在某些情况下，某个动作显然会导致一个新模式呈现于记忆表面。其中并无特别之处，对于记忆表面而言，只不过是环境发生了变化。至于这种变化是自行发生的还是因某些行为而发生的，就不重要了。如果结果是既定模式发生变化，那么这个结果就能被前文所述的过程改变。

我们不妨假设有一种相当特殊的行为在促使记忆表面改变，而这个行为只是改变环境的所有行为里的一个特例。在这里，我们可以把"行为"视为一个人在思考过程中进行的书写或标记。

前文已经反复强调了思考的自然流动序列有多重要。标记就像是从序列中选取某些模式写下来，把它记住，然后再放回序列。这样，记忆表面可以建立新的思考流动序列，并从中收获颇丰。不过，把模式标记下来这件事并无多大用处，因为思考还是只能在流动序列中自然地流过它，而这个序列还是会保持下去。要改变思考流动的起点并注意到这个模式，就需要刻意而为。不过这很容易实现，只需要在另外一个序列中标记模式，然后遵循这个新的序列进行思考即可。在讨论中，有人将一个不符合自然思考顺序的想法再次放入你脑中，就可能激发你产生新的想法。而在争论中，这也是一方试图改变另一方观点的做法。

>> 累积效应

前文所述的所有方法都可以改进模式的自然发展。每个特殊记忆表面都有各自的独特经验，并由此确立各自的模式。这些经验可以通过教育来统一改造，这样一来，每个记忆表面所确立的模式会变得更相似。

我们可以通过交流来收集多方经验，从而改善自己记忆表面上的经验。这么做会减少自己经验的特色，应该可以更加有效地组织现有信息。在实践中，特殊记忆表面这个系统则并非如我们所猜测的那样运作。很多时候，交流结果并非由多方经验共同形成，而是由一方的独特经验产生，并得到大家的认可。就算结果由多方经验共同形成，错误信息的汇集同样会确立错误的模式，例如太阳绕地球周转的想法。

总的来说，我们通过交流，才能把信息从自行偶然组织成的个人经验中释放出来，从而改善既定模式。这也就是为何，偶然形成的个人经验难以产生新的想法。

▶▶ 努力与改变

我们思考特殊记忆表面的既定模式是如何改变的，就不免会去思考这块表面是如何组织而成的，于是才会有惊人的发现。在某些情况下，敏感点哪怕只发生最微小的变化，也可能导致整个表面发生巨大变化；在其他某些情况下，付出再多努力去改变非敏感点，也无法令整个表面发生丝毫变化。

第 24 章
思维定式

特殊记忆表面非常善于信息处理,但它与其他所有信息处理设备一样有所局限。它的局限与优势都来自相同的行为,因此两者密不可分。如果某物正在快速地向一个点移动,那么它同时也在迅速地远离另一个点。同理,特殊记忆表面在某些功能上表现出色,就会在相反的功能上表现糟糕。

特殊记忆表面有以下三个局限:

1. 无法执行某些功能。
2. 会在实践中犯错。
3. 对某些现有信息的使用效率低下。

上述局限并不是特殊记忆表面的特征,而是会发生在任何通过"触发"而进行的交流中。随着时间的推移,记忆表面上的模式会固定下来。此后,如果记忆表面从环境中收到某个模式的一个或多个部分,而这个模式与固定模式相同,那么它就能补全其余部分。记忆表面所收到的部分仅供它识别模式,就像图书馆的书目编号用来方便我们查找书那样。记忆表面所反映的对象不是实际存在的事物,而是对它自己的模式而言,那些应该存在的事物。如果在环境中只有该模式的一个片段可供记忆表面进行识别,那么记忆表面就一定会按照自己的模式来反映事物。就算该模式在环境中可用,记忆表面为了快速完成识别,也还是会套用自己的既定模式。这意味着,即使环境所提供模式的各个部分缺失严重,记忆表面也会把模式补全;这也意味着,记忆表面并不是可以发生大量的微小变化,而是可以建立明确的模式,能够在事件本身发生前就作出反应。由此可见,特殊记忆表面这个系统是非常有用的。同理,医生通过轻微的初始症状来诊断出疾病,提供相应手段来治疗这些症状。通过预测来处理情况,其实可以回避记忆表面正在进行的反应。

大多数时候,记忆表面不会对环境中存在的事物作出反应,只会对这些事物所触发的既定模式作出反应。记忆表面会遵循既定模式,但也可能会留意环境所呈现的事物,以防两个模式之间差距太大。记忆表面这个系统只是根据自己所累积的经验来进行推测。

如果某些事情照常发生,但随后变成其他样子,那么任何记忆表面系统都难免推测错误。最初触发的既定模式势头仍存在，可能会导致记忆表面反映出与实际不符的事物。

不擅长打网球的多数人太过热衷于击球，只看了球刚刚飞出的样子，就去想象球之后的轨迹。如果他们持续观察球到最后一刻，而非根据想象去接球，他们就会打得更好。实际飞行轨迹必然始终比想象中的轨迹更准确。

如果一个单词拼错，那么后半部分拼错比前半部分拼错被发现的概率要低得多。读者如果能通过前几个字母识别出完整的单词，那么阅读就包括了想象。

哪怕记忆表面已经从环境中接收到完整的模式，错误的势头仍然能够推动记忆表面错误地识别模式并作出解释。此时，记忆表面作出的解释是它自己的理解。图82展示了一个不可能存在的物体，其画线的方式在三维空间中解释不通。在这种特殊情况下，图片所示与空间解释就是相互矛盾的。

图 82

在著名的艾姆斯房间歪曲演示中,从房间侧壁上的一个洞往里看,整个房间就是一个非常普通的矩形。奇怪的是,人站在房间的一端比站在另一端看起来大得多。而实际上,房间根本不是矩形,而是锥形。在人的记忆表面上,矩形房间已经是既定模式,因此人的眼睛假定房间是矩形。由于这番假定,人们看向洞中时,会以为一个实际上站得很近的人离他们很远,于是把对方当成大个子,而对方其实只是一个近在咫尺的普通人。

有一次,我看到一幢房子上挂着"待售"的标志,产生了错觉,以为房子就在街对面。然后我才突然发现这块标志其实显然是挂在一幢更近的房子上,并且我很快就意识到这块标志其实很小。就像其他错觉情况一样,记忆表面因错误的理解而产生严重的错觉,可能往往是因为缺乏真实的画面作为对比。

一连串事件也可能产生错误的势头,例如,一个老套的儿时把戏是,让对方把实际拼写为"M-a-c-d-o-n-a-l-d"的单词念成"Mac-donald",除此之外还有"Macadam""Macbeth""Mackay"以及"Machinery"。如果有人把"Machinery"念得像苏格兰人的名字,大家就会被逗乐。还有一个儿时把戏是问某人"一打"里面有多少便士,对方会立即回答"12";然后再问对方"一打"里面有多少半便士，而这次对方往往会回答"24"（但实际上也是12）。

魔术表演也几乎完全是依赖观众错误的想象势头，引导观众作出看似毫无破绽的假设或解释，但这些假设或解释实际上根本不是魔术师所做的事。

如果系统要使用固定模式，并通过"触发"与环境进行交流来保持反应速度，那么错误的势头就无法避免。不过，特殊记忆表面其实非常善于建立正确的模式，因此不会频繁产生错误的势头。人们不会经常把事情视为理所当然，然而一旦如此，后果就可能不堪设想。

前段时间有一批新住宅落成，人们发现这些住宅的天花板和门窗都很低。最终的解释是：某个怠工者误把量尺做短了几厘米，而每个建筑工都是用这把量尺量出了自己认为正确的尺寸。

错误的势头出现时，人们往往判断不出它是错的，所以其中存在很高风险。很多时候，人们甚至没有意识到自己正在套用既定模式，而不是针对环境作出反应。但如果有人指出其中的矛盾或者矛盾变得明显时，他们就会去审视环境。如果矛盾尚不明确，或者环境已经不复存在，那么他们可能甚至就没想过错误会出现。

不参考真实的事物，而是只根据自己的判断来行事，这样已经够糟糕了；通过假设事物会以某种方式发生来行事，而实际并非如此，那么情况可能会更糟糕。不过这两种情况对于记忆表面的高效运作而言都只是小代价。毕竟，我们首先要识别情况，然后才能解释情况，否则系统根本就没法运作。

第 25 章
荒诞模式

鉴于特殊记忆表面的性质，表面上可能产生未必存在于其他任何地方的荒诞模式。对于特殊记忆表面而言，这既是优点，也是缺点。

特殊记忆表面的注意力覆盖范围有限，会将环境呈现给它的完整画面分解成多个部分，再逐个关注。在短期记忆效应下，这些分解出来的区域通常会按照注意力的流动顺序排列，形成一个连贯的模式。因此，分解只是一个过程，它将整个画面的碎片传输到特殊记忆表面，然后在空间里重组。

注意力对环境画面的分割是任意的，有时，注意力的流动顺序取决于环境中各个部分的明显程度；但更多时候，流动序列由特殊记忆表面自己创建。至于分解是不是记忆表面为了方便起见而产生的临时行为，就无须深究了。

图 83 的 d 线表示一个完整的画面，注意力将画面分成了四个片段。然后如图 84 所示，在注意力的流动下，这些片段在记忆表面上组合成了一个序列，让注意力可

图 83

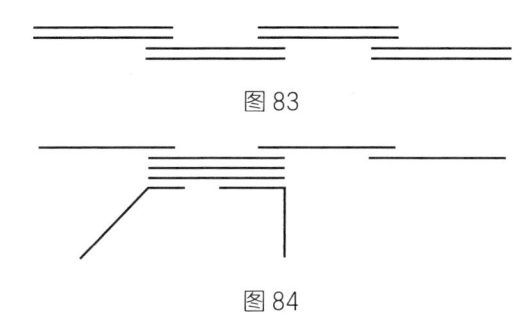

图 84

以反复遵循这个序列流动，进而将它们串联成一个单元。此外，注意力串联成的某个单元可能关联着某些事物，所以更容易受到注意力的眷顾。在注意力的反复眷顾下，这个单元会变成一个独立的存在体，也就是说，记忆表面任意地创造出了这样一个事物。此后记忆表面接收到画面时，就容易把画面分为上下两半来观察。至于这两半画面是否会重新组成完整的画面，就不重要了。把画面一分为二可能只是为了方便描述，例如连衣裙分为上下两截。但是如果出于某些原因，所有事物的上半部分都具有特殊意义，而下半部分都具有完全不同的特殊意义，那么记忆表面会把事物的两半分离成独立的存在体，而不再视为相辅相成的两个部分。

图 85 所示的两组 d 线展示了这个过程。第一组 d 线表示事物的两半重新组成了一个整体，第二组 d 线表示被分离的两半与 d 线的其他复合片段形成了一个独立的

单元。这种分解只发生在特殊记忆表面上,并没有发生在这个表面所处理的对象上,可见这种分解完全是由这个表面创造出来的。如果注意力覆盖事物两半的次数相同,那么这两半都可以继续分别作为一个单元,只不过它们的属性截然不同;但如果注意力只覆盖其中的一半,那么就只有这一半会发展成一个单元。

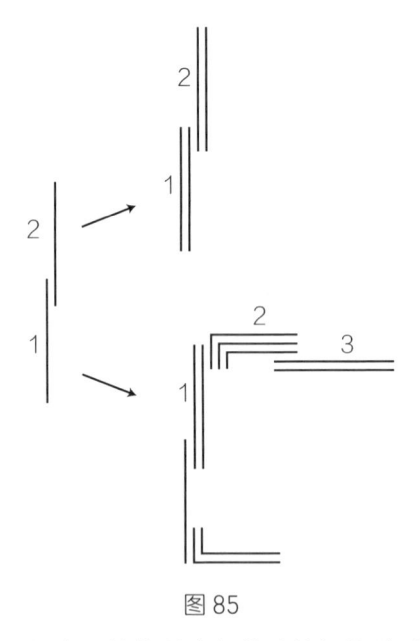

图 85

特殊记忆表面就像是会把描述性标签贴到自己所创建的分区上,很难再将事物的两半看作能够拼成一个整体的单元。虽然事物的实体无法切割分离,但只要特殊记忆表面给它贴上例如"左"和"右"这样的标签，它就能够把事物分成两半来看待，而且每个标签都可能衍生出复杂的意义。标签不仅保持着记忆表面出于方便而分解出来的碎片，本身还能作为一个较小的对象，以便记忆表面观察，而分解出来的碎片就没有那么灵活了。例如，句子和段落这种复合体需要词语来组成，如果没有词语，那么要指代一个复合体就会很麻烦。词语相当于给复合体贴上了标签，然后记忆表面才可以完全忽略标签底下更加复杂的部分。

特殊记忆表面的短期记忆具有强大的组合功能，能够将来自完全不同的事物的碎片组合成一个它独有的新事物。

正是由于特殊记忆表面能够进行创造与组合，人类才能创造出新的"世界"，它既源于现实，又不符合现实。在这个人造世界中，信息更明确，所以组织起来会更方便。这时记忆表面如果尚无框架可以遵循，就必然会发展出一个框架，例如，它可能不得不创造相关系统来组合季节、天气与农作物行为等信息。这些看似荒诞的模式只存在于特殊记忆表面，它们的存在既是出于方便，也是出于需求。

特殊记忆表面建立荒诞模式，以便把环境中的独立信息串成连贯的模式。一旦这些模式确立，它们就为记忆表面提供了看待世界的视角。记忆表面通过荒诞模式看到世界，因而趋于强化这些模式。例如，要是你认为小汽车司机向来行车鲁莽、构成威胁，那么你就会特别提防小汽车司机，无论他们犯下什么小错误，你都会立即将这些错误归为小汽车司机的危险所在。记忆表面也是这样强化荒诞模式的，这个过程能够放大模式之间的差异，从而确立某个模式，因此非常有利于信息处理。

记忆表面上累积的信息会为新输入的信息提供遵循框架，因此荒诞模式往往能够自我延续。那么，这些荒诞模式要如何改变？

古人在讨论哲学时，把世界划分出不同特征，然后将它们肆意组合，看看能否拼成一个合理的结构。由此可见，他们最初选择用来描述世界的特征，即本书所述的单元，就暗示了他们最终得出的结构。透过特殊的滤镜去看待事物，看到的就不是事物本身，而是滤镜下的事物。透过绿色的滤镜看世界，就会看到一片绿色的世界；你越努力去看清世界，它就绿得越明显。就算你回过头来观察自己，你也无法判断自己是否正在透过滤镜看待事物。因为如果你看到的是滤镜中的自己，你根本无从得知滤镜的颜色。无论事物本身是绿色、红色还是其他颜色，透过灰色的滤镜来观看，一切都将是灰色的。

如果你眼前的滤镜是绿色的，那么你会始终会看到绿色的世界，哪怕有人告诉你世界不是绿色的，你也会坚信自己的看法没错。然后有一天，你开车路过路口时，绿色滤镜后的你无法辨认出红灯，就会撞上另一辆车。你在懊悔中逐渐康复，然后再次发生同样的事故。有鉴于此，你可能已经快要相信他人的劝告了，认为眼前有一块绿色的滤镜等着你去摆脱。

记忆表面是出于方便而组合出荒诞模式，如果它们与实际经验相互矛盾，那么记忆表面就会摆脱它们。科学就是一种专门组织经验的方式，既可能与荒诞模式相冲，也可能反映出荒诞模式。在组织经验的过程中，记忆表面可能会建立新的荒诞模式。这些荒诞模式的寿命似乎都长于它们的时效，会妨碍记忆表面去更好地解释信息。不过这只是一点小阻碍，是记忆表面为了使用荒诞模式而不得不付出的小代价。

不过有些荒诞模式无法被经验推翻，原因可能是普通的经验无法检验这些模式，或者这些模式构造精良，以至于原本应该推翻它的因素转而支持它。

偏执狂心怀迫害性的荒诞模式，会在面对自己确信非迫害的事情时，指出其中的迫害所在。如果某个荒诞模式带来的是痛苦而非快乐，那么记忆表面似乎迟早会把它推翻。但如果荒诞模式说明痛苦是一种最正确的快乐，例如苦修、赎罪，那么记忆表面就会保护它。如果荒诞模式更甚，将受苦视为对未来幸福的一种投资，那么它无论如何都会在记忆表面上自我延续下去。

如果某件事看起来属实，人们就会接受它，反之则会拒绝它。但是说明真实情况又可能会引起人们不适，进而把真相也拒绝掉。因此，解释才是无懈可击的，让荒诞模式得以自给自足。就算某种现象其实是恨，而荒诞模式将其解释为爱，记忆表面也不会推翻这个荒诞模式。这就是人们用来反对精神分析的论点。

事实已经证明，超感官知觉是一项难以研究的课题。实验结果一直在为超感官知觉提供证据，但持怀疑态度来检验结果的人似乎无法重现相同的结果。人们的解释是，怀疑态度本来就不正确，所以得不出正确结果，只有自信从容的人才能证明超感官知觉。也就是说，想要反驳它的人无法验证超感官知觉的真实性。

我们很容易进入自我保护的状态。垂直思维较为刻板，所以我们需要运用较为灵活的水平思考。但是有些习惯垂直思维的人思维已经僵化，所以也不认为自己的思维是僵化的。本书用方便读者理解的方式提出了许多观点，旨在激发读者去认识自己正在受到的影响。这种叙述手法的缺点在于，如果读者思想较为浅薄、无法自己理解本书，那么他可能会感觉本书把事情说得过于简单。但我们要知道，某些荒诞模式因上述原因而受到保护、未被颠覆，并不意味着它们是错的；有人用你不认识的语言对你嚷嚷，并不意味着对方在胡说八道。荒诞模式可能就像一种自洽的语言，一旦我们接受并理解这种语言，它便开始具有意义，尽管在局外人看来不然。而且语言不一定要始终连贯，但是要发挥作用。

既然荒诞模式的真假无法检验，那么我们不妨看看它是否有用。要判断荒诞模式有何用处，就要看它作为系统时具备哪些功能，能否组织信息来提供一个框架，以便我们更容易接受更多信息。荒诞模式的风险在于，它能够排除其他信息的加入，或者妨碍现有信息更好地组织起来。

一位女士去咨询精神分析师，对方问她小时候洗澡的时候，是否害怕被地上的排水孔吸进去。她想了想，承认自己曾经有过这番恐惧。精神分析师解释说，她的问题是没有安全感，害怕厄运降临到自己身上。此后几个星期里，这位女士感觉心里好受多了。然后有一天，她将自己的这番经历告诉了母亲。母亲哈哈大笑起来，并告诉她浴室里没有排水孔，因为家里只买得起锡浴盆。母亲道出真相，反而颠覆了女儿的臆想及其带来的正面影响。她的臆想作为一个信息组织结构而存在，发挥的作用与它是否属实毫无关联。或者说，因为这位女士相信自己臆想出来的恐惧，所以才有可能感受到那番恐惧，因此诊断仍然合理。

荒诞模式由记忆表面组织而成，而注意力只能强化它们，无法破坏它们。只有忽视才能够破坏荒诞模式、让它萎缩，然后记忆表面会产生新的模式。荒诞模式失去效用时，记忆表面通常会忽视它们。

有些荒诞模式较危险，它们会明确禁止可能与自己相矛盾的事物，从而可能幸存下来。自然现象不可能自行组织成有用的荒诞模式，而无用的荒诞模式也不可能自行淘汰。

记忆表面上的荒诞模式为信息组织提供了框架，能够将信息组合成原本不存在的连贯结构，从而增加现有信息的作用。但是，荒诞模式中的信息还是可能比组合最优的现有信息糟糕得多。

第 26 章
极化

每个医学生都认为，他们会患上自己学到过的绝大多数疾病，想象着癌症、心膜缺失、糖尿病、精神分裂症和肺结核等疾病会轮番光顾自己的身体。每位病患都会表现出模糊的症状，只要医学教科书为这些症状定义了病名、解释了病理，医生就可以通过组织信息来诊断出疾病。

词语就像是排水管，能够以固定模式把自己导向情况，供情况应用。然后，情况会分解成既定单元，或者说词语。最后，记忆表面只会留下注意力多次流经的词语，舍弃其余。

词语就像是微小的荒诞模式，通过它们，特殊记忆表面得以用更合理的方式来组织外部世界输入的信息。此外，特殊记忆表面的运作机制会把环境呈现给它的画面分解成多个关注区域。图86、图87展示了一根拐杖及其各个部分，包括手柄、中间轴和尖锐的末端。这些都是描述性的片段，如前文所述，它们有时候可能会自行发展成独立的单元。记忆表面出于方便而创造了词语，而词语又组成了微小的荒诞模式，在记忆表面的屡次使用下得到强化。记忆表面一旦建立了特定的分解方式、特定的单元或者特定的关注区域，它们就会像排水管一样把附近的一切导入其中，正如在果冻模型或聚乙烯与大头钉的模型上，表面的凹陷处会使附近的液体流入其中。我们可以将这种引流效应，以及既定单元分解事物的趋势称为"极化"。北极会吸引指南针的一端，排斥另一端；一个词语也会吸引特定的信息，排斥其他信息。记忆表面可以使用既定单元来打包信息，这一过程能够选择、辨别和标准化信息，这在信息处理上的便利性不言而喻。

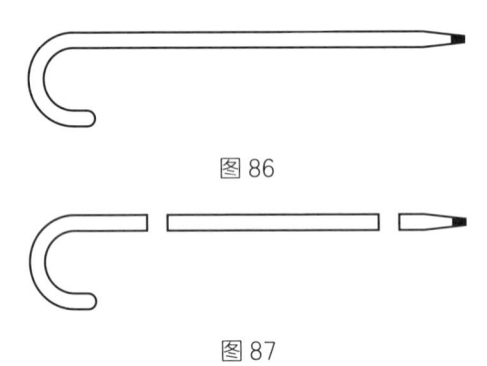

图 86

图 87

词语不仅有助于将分解出来的画面碎片组成独立的单元，还有助于记忆表面基于不完整的模式进行创造。

有些画家的画风可能不同于传统，而新的画风又难以描述，因此人们可能会感到困惑，开始到处搜寻参考。于是，某些艺术评论家想出了"达达派""立体派"和"原始派"，把某些画风归为一类，而某些画家则成为特定画派的代表。画派提供了统一的主题，或者说分化点，为人们对艺术的探讨与总结提供了极大便利。但由于画派的重点必然还是作品本身或者风格，而非作品中独一无二的内容，因此归纳画派也可能会掩盖画家的个性。

静态分解

用注意力去分解图片，只是为了方便自己一次只关注事物的一部分。然后记忆表面会把这些部分当作独立的模式来处理。这就像是物理学家一直在发现新的粒子。一旦有人认同物质与能量可以用一定数量的粒子来解释，就会有人发现不同的粒子。而许多粒子似乎都只是同一种粒子的不同状态，赋予它们不同的名字是为了方便描述。这就好像你从手里扔下一颗小石头，而石头在你手里、在半空和在地上时，都拥有不同的名称。尽管分解事物提供了巨大便利，但记忆表面也可能免不了陷入僵化，把真正相同的事物也分解掉。

多个世纪以来，人们把物质与能量区分开来都是出于方便考虑。然后爱因斯坦出现了，他表明物质与能量可以相互转换：物质是能量的一种特殊形式，反之亦然。在这个想法熏陶下的人很容易理解这些，而其他人则难以摆脱陈旧的思想，坚持认为物质与能量是两种事物。

我在一个树木不多的地区长大，所以从来没有了解过树木的专有名称。直到今天，我仍然认为每棵树都是一种有趣的独特的模式，难以把它们组合成一个类别。我没必要通过树木的标签或分组来认识一棵树，这也许反而让我拥有了更大的审美余地。但如果我去当园丁，我需要向某人描述某个景观，那么事情就难办了。

极化最明显的例子，也许是自我与环境的分离。这两者的极化能带来巨大便利，极化本身也表明了身体能够如何分离、具有多少灵活性。东方哲学认为，身体与环境的分离不仅不必要，而且有害。他们认为人类的烦恼源于这种物质世界的极化，于是费尽心力去消除这种极化，最终目的就是让自我与环境重归一体。西方哲学则截然相反，不遗余力地强调个性与责任感，以此建设自我。受苦与福报，以及忏悔与成就，都是趋于把个人自我确立为极化的一端，凸显自我与环境的分离。

动态分解

静态分解只是把事物分解成便于处理的独立单元，而一旦动态分解发生，那么这些单元之间的距离就会越来越远。静态分解就像去剪绳子，剪出来的每段短绳子长度相同，但位置不变；动态分解就像去剪松紧带，在剪断的一瞬间，松紧带会朝两端弹开。静态分解也像去打碎一块饼干，碎片形状相同、位置不变；动态分解也像去打碎一摊无形的液体，液体会自行分离成更小的一摊又一摊液体。静态与动态的分解都非常容易在特殊记忆表面上发生，如果分解出来的单元保持独立，那么分解可能是静态的；如果分解出来的单元融入其他某些综合体，那么分解就是动态的。静态与动态的分解也并非始终不同。图 88、图 89 展示了一个模式，分别以静态与动态的方式分解。在第一种情况中，分解出来的单元保持在原位；在第二种情况中，分解出来的单元拉开距离。

图 88

图 89

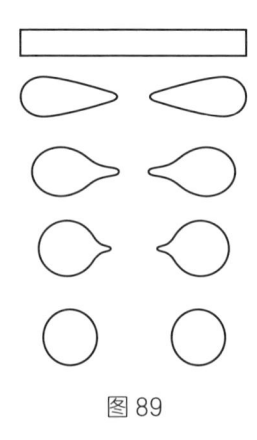

一个连续变化的过程，在某个方便之处被分割，我们可以称分割前的过程为"因"，分割后的过程为"果"。然后因与果朝着各自分离的方向移动，成为区别鲜明的两个事物，看起来不再像是任意分解而成的两部分。

由此可见，有些人会因观点稍有不同而渐行渐远，最后站在了相互对立的政治立场上，以至于双方无法认同任何事情，甚至还要为分歧正名。正是因为这个原因，历史上才会出现工党、保守党、共和党和民主党。起初，他们之间的差异可能很小，但此后会逐渐极化。政客往往会向左极化或者向右极化，无论他们如何表态，都必然是朝着其中一端极化。任何一方对自己议程的推动都做不到问心无愧，所以创造出了"中央"这个概念。但随后，政界又出现了"左倾"或"右倾"的概念，政客们还是回到了两极分化的状态。

某些固定的转折点会造成另一种动态分解,就像雨水从陡峭的山脊流淌而下,可能遇上一个"分水岭",然后分成两路。如果果冻模型上有两个并排的凹陷,那么浇上去的热水就会分成两路流淌;多颗弹珠同时落在波纹表面上,也会被迫沿着不同的纹路滚动。

动态分解一旦完成,各个部分就会自然而然地拉开距离。如果存在"分水岭",那么单元会被迫分开,这与硬盒子或鸽子棚的作用相同。

前卫杂志 *Oz* 就决定尝试以单张折叠纸的形式发行一期杂志,而税务局指出这种形式不属于杂志,而是海报,需要缴纳相应的购买税。然而这种形式只是出版社考虑的几种尝试之一,并非与普通杂志完全不同,但它已经遇到分水岭,被推到了一个与杂志相去甚远、截然不同的海报类。

法律、司法与行政完全依赖于这个分离过程,人们得以在事发之后作出灵活适宜的反应。如果反应需要在事发之前就作出,那么人们就必须使用他们坚决维护、细致划分的法规。

标签能够细致地划分事物,被贴上标签的任何事物都会被完全归类到这个标签下,并排斥其他所有类别。

标签未必是文字，也可以是标志或信号。

曾经有一天，我在河边吃午饭，看到一群鸭子摇摇摆摆地走过来讨东西吃，其中有一只看似自大的公鸭，一只邋里邋遢的母鸭，还有五只看似绝望的小鸭。随即，另一群带着小鸭的公鸭和母鸭也走了过来。突然间，第一群里的公鸭表现得很激动，头埋低左右摇晃，冲向新来的那群鸭子，仿佛在驱赶入侵者。然而，有鸟类在附近降落并夺走食物时，这只公鸭却没有发现，它并非天生具有攻击性，只是反感另一只公鸭的存在，但它不会去反感鸟类。它的视觉给另一只公鸭贴上了某种标签，导致它表现出攻击性。

人们通常认为攻击性是动物的基础本能，它不受控制，所以必然支配着动物的行为。人们假定这种基础驱动力超越了思维功能的控制，然而，动物是否释放基础本能取决于它们如何识别标签，而识别与贴上标签都属于思维功能。基础本能就像枪里的弹药，而这一枪打出去威力如何，既看弹药，也看枪口的指向和扣动扳机的时间。

一个简单的标签能够造成何种程度的改变，往往被人们低估。一个男人准备离开妻子时，可能会因为她挽留而打消念头。如果他的朋友说他这么做很无情，那么他更有可能打消念头。然而，如果有人给这件事贴上"情感绑架"的标签，并表示他才是受害者，那么情况就会彻底改变。妻子的挽留原本可能得到丈夫的回应，现在丈夫却会不惜一切代价来抵制。不过，这些只是标签对思维的改变。

还有一种动态分解，在创建特定单元的同时，也会创建与它们对立的单元。我们可以称这个过程为"隐式分解"，这就像先摸索到棍子的一端，然后假定另一端必定就在某处。如果隐式分解发生，那么这不仅意味着另一端存在，还意味着它必定很远。

如果有一个群体拥有共同利益，所有成员都将自己视为"我们"，那么必然有另一个群体作为"他们"而存在。这种分解也说明了两个群体之间的距离和利益。人们一旦形成不同的群体，这些群体之间就会逐渐拉开距离，就像不同政党两极分化那样。

如果有人创造了情感主义，那么这个思想必须以某种方式与其他思想相互抵触，否则这位创造者就会认为自己的思想不够独特。然后就会有人四处摸索"棍子"的另一端，提出理智主义。人们会将这两种思想视为相互对立的两极，认为它们截然不同、相互排斥。这就是隐式分解，它会导致人们认为知识分子不可能情绪化，而情绪化者不善于思考。然而在现实生活中，有些知识分子所怀的热情显然超过了其他人士。

人们创造出自由意志的概念，就意味着人们也需要提出与之相反的决定论，两者各不相同且相互分离。事实上，人们必须创造某个事物来凸显自由意志的与众不同。一个人只要想着行使自由意志，那么无论这种拥有是否属于幻觉，他都算是拥有了自由意志。此外，自由意志的概念本身就是一个决定因素，因此它与决定论并非完全相冲。只不过隐式分解使两者互不相容。

某人使用记忆表面这个概念，就代表他认为记忆表面的信息能够读取。某人无视记忆表面的概念，就代表他不认为记忆表面具有上述功能。这种隐式分解是错误的。尽管记忆表面的信息通常可以读取，但这个读取并不是必要的。如果是记忆表面要读取自我的信息，而外界没必要读取这些信息，那么读取就不是必要的。特殊记忆表面的情况其实就是这样。

创造水平思考，其实是在有意地进行隐式分解，从而凸显垂直思维的不足。创造水平思考，是将思维从严重分化且占据主导地位的逻辑思考顺序中拯救出来，通过建立这个对立的极端，来抵消垂直思维的趋势。

通过建立与事物对立的极点来遏制该事物发展的趋势，其风险在于两个极端会尽可能地拉开距离。一根棍子具有两个端点，也就是说，这两个端点是这根棍子在任意方向上的末端。因此，如果某人对某个主体的感觉是连续分级的，那么他对这个主体的描述绝不会依据两端中间的平均值，而是会依据各端的极限值。除非两个事物相距足够远，否则它们就会被视为一个事物，这就是记忆表面的自然发展趋势。也就是说，记忆表面会把任何区别放大为绝对区别，相当于让"部分描述"来接管"整体描述"。所以哪怕政客中只有一小部分人腐败，整个群体也都容易被他人贴上"腐败"的标签，这一小部分政客代表了整个群体。

极化的机制

影响特殊记忆表面发生极化的两个基本状态是运动与固定。如果与旧模式对立的模式转而以旧模式为中心，或者模式为了符合既定模式而改变本体，那么运动就可能发生。上述两个过程本质相同，如图90、图91所示。如果既定模式变得固定而僵化，也属于极化的表现。

图90　　　图91

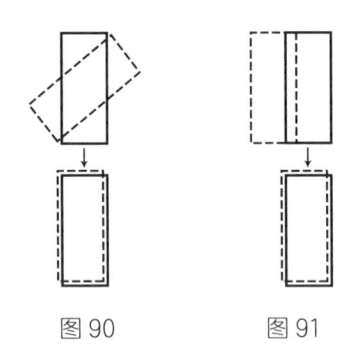

图92、图93展示了两种极化，第一种就像把物体放入一个硬盒子，然后物体就不会乱动。第二种就像在中心插上一根柱子，就像旗杆那样，只是宣扬某种品质；事物聚集在柱子周围，但与柱子之间的距离不同。其中不存在任何明确的标准将事物分为两极，它们有时可以被贴上一个标签，有时又可以被贴上另一个标签。

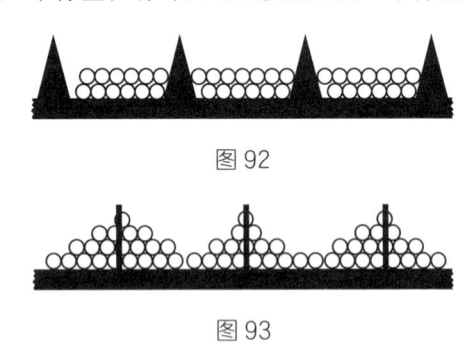

图92

图93

特殊记忆表面的主要限制之一是长期的分类，因为它所建立的模式是长期的。否则，记忆表面可能暂时以为某事是这样，然后又暂时以为某事是那样，循环往复。记忆表面必须给事物贴上单一的标签，赋予它们单一的定义，确保它们长期一致。这种做法能够提供便利，但也可能带来限制。想要记忆表面摆脱僵化，也并非要追求一种虚无缥缈的无形，而是需要某种形式在任何时候都能够明确，但又不太固定；这个形式要可以呈现出不同的状态，或者说在不同状态之间来回切换。然后，我们感兴趣的对象就不再是事物的静止状态，而是它们的潜在状态。

上述限制导致特殊记忆表面无法同时接受事物的对立面，即无法横跨两个对立的既定模式，做不到刚柔并济。不过刚柔并济也许是一种理想状态，足够的刚性确保了事物的背景、含义与安全，而足够的柔性为事物提供了改进方式、冒险与希望。另一种有用的对立是强硬与谦逊。秩序与自由也是有用的对立，它们的并存意味着合理的秩序能确保自由。控制与混乱的对立，则意味着设计等过程允许出现混乱，以便素材以出乎意料的方式组合起来，带来更多成果与进步。所有这些对立事物都有其道理，但特殊记忆表面趋于把它们两两分离，认为刚柔不能并济，谦逊者无法拿出强硬的态度，秩序会限制自由，混乱会不受控制。简而言之，特殊记忆表面会有意地判定一个极端不同于对立的另一个极端。

第 27 章

连续性

连续性是特殊记忆表面所有功能的基础。它处理信息的方式是让其累积的信息与新输入的信息交互，这也是它处理信息的唯一方式。每条信息都会在记忆表面上留下痕迹，而痕迹则是记忆表面对这些信息的记录。输入的信息会逐渐在记忆表面上形成越来越明显的轮廓，即既定模式，它们都因注意力重复连续的流动而存在。

计算机解决问题的方法有两种：第一种是输入一些详细的公式来处理信息，通过公式运算出答案；这些公式能够对所有信息提供一次阶段性的处理。第二种方法是稍微改变信息，然后重复这个简单的操作，直到得出最终答案。例如，假设我们需要估算一笔钱的复利，第一种方法是把初始金额套入公式，计算出最终金额。第二种方法是计算第一年的利息，并用它来计算第二年的信息，以此类推。就估算复利而言，套用公式显然会更方便，但在其他情况下，重复操作才能提供更准确的结果。例如，假设我们要计算水在物体周围是如何流动的，那么重复操作得出的答案会更准确。鉴于计算机的效率如此之高，因此重复操作所带来的枯燥、所需要的时间都可以忽略不计。

特殊记忆表面是一个重复运作的系统，它的变化微小而简单，每次变化都以当前的累积为基础。由此可见，特殊记忆表面这个系统本质上是连续的。已经逐渐形成的轮廓必须在更多信息输入之前保持其状态，这样它才能在更多信息输入后继续加深成型。特殊记忆表面始终会根据发生过的事情作出反应，我们只能假设新发生的事情与之前的事情相同，根本无法确切预测未来可能发生什么。已经存在的事物会保持原样，它们不会因我们推测的事物而改变，只会因切实发生的事物而改变。

在平面上放稳一块方糖很容易，但想要堆稳几十块方糖就难了。随着方糖越堆越高，哪怕底下的方糖受力只有一点点不均匀，这些不均匀也会被逐渐放大。最后糖堆倒塌，就是因为底下的方糖放得不平整。

两名旅行者朝着略微不同的方向前行，一开始可能相距不远。但随着行程继续进行，他们之间的距离会越拉越大。既定模式的建立显示了同样的连续性。如果模式发展缓慢、越来越跟不上现实的进步，那么记忆表面上就会发生新鲜事,而模式往往会随之改变。

精神分析一般是从理论上假设精神病患者的行为由他的童年经历所致,而"成年"这个模式,由他从小到大各个阶段的模式连续叠加而成。也就是说,童年时期出现的精神失常可能会持续主导整个成长模式,直到身体进入成年期才表现出异样,就像糖堆因之前堆放的方糖受力不均而倒塌一样。

另外,就算精神失常导致记忆表面建立起无法使用的模式,人体普通的适应过程也会修正该模式。信息也是如此,都是一点一滴、连续累积而来的,但是既定模式如果与现实差距太大,就会发生变化。根据实践经验,出现大错误并不比出现小错误更糟糕。因为记忆表面会极化新的信息来适应小错误;而大错误形成的差距足够大,记忆表面会让新信息来破坏或改造既定模式。

除非既定模式出现严重错误,干扰了记忆表面与外部环境之间的互动,否则它不会得到修正,记忆表面会继续使用它来处理信息。例如,不同国家的人,他们的口味与习俗相差很大;法国人吃的冰激凌数量只达到了英国人所吃冰激凌的一小部分,而英国人吃的冰激凌又只达到了美国人所吃冰激凌的一小部分。这是因为孩子的饮食习惯会受到父母的影响;而且冰激凌廉价,吸引不到高消费阶层来推广它，所以饮食习惯的模式往往能够自行延续。这种连续性也解释了，为何法国人一直说法语，英国人一直说英语；而变化也可能发生，就像美国人发展出了美式英语。但模式的变化往往很小、很慢，特殊记忆表面这个系统的本质决定了它本身不会突然改变。

信息在记忆表面上形成怎样的模式，很大程度上取决于信息输入的顺序。然而，信息怎样组合效果才最好，应该是取决于信息本身，而非输入顺序。信息输入的顺序只是一个额外因素，信息应该无法直接按照这个顺序实现效果最好的组合。

特殊记忆表面能够让信息自行地最大化，也就是说，它在任何时候都能充分利用现有信息。由此建立的模式往往通过记忆表面的连续性来保持，不过新输入的信息也可能形成其他可行的模式。

图 94 展示了两块塑料薄片，假设我们把这些薄片交给某人。哪怕是向没看到碎片的人描述它们所能组成的形状，对方应该也很容易理解——这两块碎片总能拼成一个长方形，如图 95 所示。

我们可以将长方形看作记忆表面上可用信息自行最大化的结果。然后我们添加图 96 所示的一块薄片。现

图 94

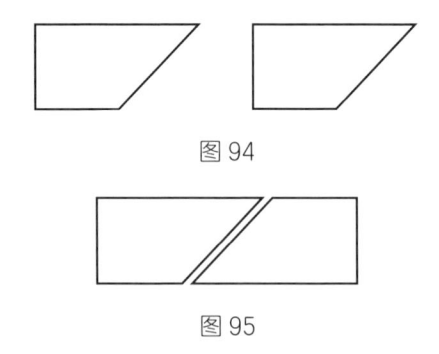

图 95

在,任务是将三块薄片拼成容易描述的形状,结果往往是另一种长方形,如图 97 所示。接着我们再添加图 98 所示的两块薄片,然后就很少有人能继续拼出长方形了。

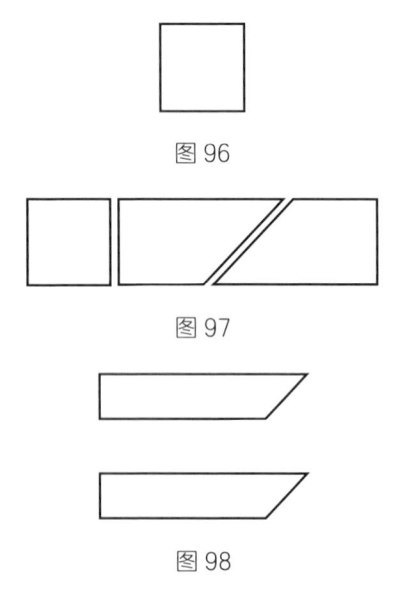

图 96

图 97

图 98

图 99 至图 101 展示了五块薄片拼出正方形的步骤。其难点在于，拼接是连续进行的，拼出的第一个形状会自行最大化，那么一旦拼出长方形，多数人往往会继续拼出长方形，这是个自然而然的过程。但是，如果直接摆上薄片，不考虑它们的摆放顺序，就不难拼出正方形了。有了"正方形"这个模式，就能轻松地拼出正方形，但同时也就不太可能再拼回长方形了。这个例子说明，信息在当时的组合具有重要意义，但也可能会限制情况

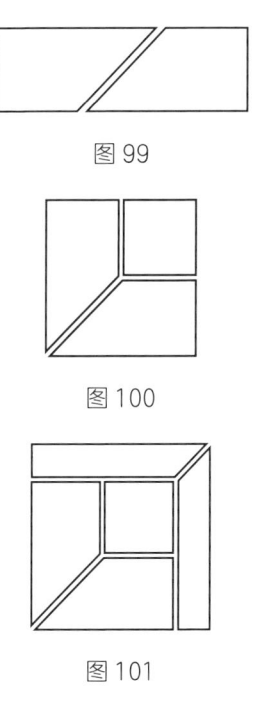

图 99

图 100

图 101

发展的空间。在特殊记忆表面这个系统本质上就是这样。

用五块塑料薄片来拼图，这个过程根本不需要逐步完成，我们完全可以打乱所有薄片来探索最理想的结果。可惜的是，每块薄片必然会先来后到，并在拼接过程中拼出某个形状，这就是为什么特殊记忆表面无法对新旧信息一视同仁。

由于信息会先后输入，因此特殊记忆表面当下无法把它们组合出最佳效果。在信息输入的每个阶段，记忆表面都可能正确地组合信息，但这无法保证最终的组合正确；甚至就算外部直接提供正确的阶段性组合，记忆表面也无法保证最终的组合正确。这是记忆表面在信息处理方面的固有限制，唯有洞悉过程才能够纠正这些错误，当然，只是纠正部分错误，但效果可能非常显著。洞悉过程已经在第23章讲述过。

第 28 章
偏差

前文已经讲述了特殊记忆表面的缺点，接下来我们看看，如果是自私者使用特殊记忆表面，信息处理会受到哪些影响。载体可能会感到饥饿或口渴，还可能会感到恐惧或愤怒。这些因素通常会在相关情感、情绪、动机或动力的内容中探讨，总而言之，它们都是记忆表面产生内部模式的原因。内部模式只是代表记忆表面受到的某种影响，这种影响会超越来自环境的信息在记忆表面上留下的模式。

就功能而言，内部模式唯一重要之处在于它们支配着记忆表面，被激活的内部模式包含在记忆表面的激活区域中。

通常，记忆表面上当前主导的区域阈值最低，而这又取决于该表面收到过什么信息、形成了哪些模式，以及各个模式的确立程度。这些全是与信息相关的因素，而内部模式则独立于信息因素。例如，在地面上滚动的球会根据地面轮廓而改变方向，但是如果像草地滚球一样，在球内部装入一点铅来制造偏差，那么球的滚动方向将主要由内部偏差控制（不能完全排除地面轮廓的影响）。偏差就像是提供了一个独立的模式，就这个意义而言，我们可以把内部因素归为偏差。那么这种偏差会对特殊记忆表面的信息处理造成什么影响呢？

在实际情况中，偏差会在一段时间内波动。如果某个偏差处于活跃状态，那么它所提供的既定模式会暂时主导记忆表面，但这种影响并不持久。单就信息处理而言，这种可变的偏差可能极其有用，因为如果偏差变化，思考流经各个既定模式的顺序就会变化。正是由于这种变化，记忆表面才能够学习与洞悉事物，才具有创造力。

事物在进化过程中，先是发生变化，然后再被选择。记忆表面上模式的自然发展就是一个逐渐变化的过程，偏差过程则导致了选择。其间，记忆表面会选择去重复使用那些特别有用的模式，进而巩固这些模式。这个选择过程能够弥补记忆表面的诸多缺陷，尤其确保了连续性，否则记忆表面上可能会形成与现实大相径庭、难以派上用场的模式。

偏差的优点是为记忆表面提供了变化机会与选择机

会，但同时，它会对记忆表面的信息处理造成一种不太有用的干扰。

在记忆表面上，注意力的流动方向仅能反映激活区域的位移，而流动其实会受到偏差的引导。如果某人感到饥饿，那么他开车穿过街道时会最先注意到餐馆和咖啡馆。偏差对注意力的引导有一定的好处，但也可能导致记忆表面忽略其他有用的信息。例如，上述的某人可能会忽略禁止驶入的路标。被忽略的信息本身可能很有用，或者意义尚且不明，只有加入已收集到的信息中才能发挥作用。

即使偏差过程当时提供的选择是有用的，但这个选择也可能不利于事物之后的发展。例如，雇主可能会优先雇用看起来自信友好的应聘者，但过后可能会发现他们其实无法胜任工作。

在某些情况下，内部偏差不会如理论上那样波动，而是会比理论上更持久。如果偏差造成的是恐惧，那么只要偏差还在，记忆表面就会选择去害怕某些事物。例如，某些人认为其他人具有攻击性，认为其他车辆会撞向自己，认为狗会扑上来咬自己。较坏的情况是，他们会害怕得不敢出门；哪怕情况没那么糟糕，这种偏差也会严重影响记忆表面的信息处理。

每当偏差特别强烈，与偏差最直接相关的模式就会完全支配所有其他模式。如果恐惧感非常强烈，记忆表面会重复使用与恐惧最直接相关的模式。例如，电影院起火时，人们会一窝蜂地冲向最显眼的出口，忽视不太直接但更有用的行动模式，例如寻找其他出口。这是一个极端示例，但其他情况同理。如果用一小段金属网把一只鸡与饲料隔开，它还是会直接走向饲料，而不会远离饲料去绕开金属网。如果一个男孩想快速赚钱并享受挥霍的快感，那么他可能会直接辍学；在他看来，通过继续学习来争取更好的就业机会，这种间接的赚钱途径不太有吸引力。在实践中，最直接的方法通常是最好的选择，但如果这条路被堵上了，我们不妨尝试其他方法，不要像鸡一样死脑筋，而是要像狗一样懂得绕开障碍物。选择最直接的方法所得出的解决方案可能足以让人满足，但不够有效，这是它的主要缺点。

就信息而言，偏差会导致记忆表面重复使用与之最相关的模式，还可能导致记忆表面忽视一点：只处理新输入的信息可能组合出更好的模式。也就是说，终归只有偏差才能决定信息能否发挥作用，但它实际上可能不利于信息处理。只处理新输入的信息所得出的结果，可能优于偏差影响下的结果。例如，情感终归比智力更重要，我们不该把智力的地位排在情感前面。不过我们也必须认识到，智力对情感的作用比情感对智力的作用更大。

也许在偏差不是特别强，甚至没有强到被记忆表面识别的时候，偏差才能发挥最重要的作用。这时候，偏差提供的模式可能足够强大，将注意力的流动转移到另一条路径中，但这条路径似乎是单纯根据信息而选择的。图102、图103上的d线分别展示了在无偏差和有偏差的情况下注意力的流动路径，其中波浪线表示存在偏差的情况。如果你一开始就讨厌某事物，那么你总能找到讨厌它的理由，但你对这个事物的讨厌是基于这些原因的。

偏差的优点是，它提供的模式独立于信息自行组织的模式。但同时，这也是它的缺点。

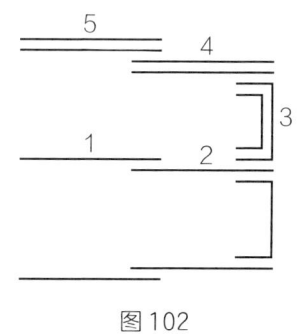

图102

图 103

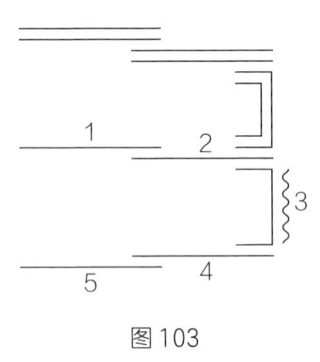

第 29 章
错误总结

由于特殊记忆表面的组织性质，它在处理信息时必然会犯错，必然有所局限。这既是它的缺陷，也是它的巨大优势，两者相伴而生、相伴而行。特殊记忆表面对信息的处理是被动的，缺乏一个可以用来比较的模式，所以它无法规避错误，也无法在出错时发现错误。

要弥补这些缺陷，我们就只能去意识到它们不可避免，并在可能的情况下使用技巧来尽可能减少错误造成的损害。然后，这些技巧会在记忆表面上组织成模式，被动地影响着信息处理。

既然错误源于系统机制，我们就可以严格地定义错误并预测它们。当然，个别错误就算可以被预测，我们也未必能够预测出来。不过一般情况下，错误都是可以预测的。

我们可以将记忆表面的错误分为以下几类。第一，明确的单元与模式趋于僵化，所以它们最终趋于改变信息，而非被信息改变。第二，信息组织形成的模式会像荒诞模式那样能够自我延续。第三，所有这些模式能发挥多大作用，取决于新的信息以什么顺序输入。第四，内部存在的偏差会模棱两可地运作，导致记忆表面曲解信息。

特殊记忆表面系统趋于自我矫正，但这种趋势不足以弥补它的缺陷。偏差会让记忆表面进行选择，但这种选择很笨拙。特殊记忆表面让信息按照输入顺序自行组织，由此出现的错误可以通过洞悉来弥补，但洞悉发生于偶然，并非常态。

特殊记忆表面除了会出错以外，还存在固有的限制。这个系统能够从混乱中创造秩序，但它会强制推行旧的秩序，而不会马上识别新的秩序。根据记忆表面对信息的处理，它在识别出新秩序之时，必然无法充分发挥出该秩序的作用。

也许我们可以用一个现象来概括特殊记忆表面这个系统的功能：去发现显而易见的办法，来解决非常困难的问题。只有在找到办法之后，办法才会变得显而易见。这是一种特殊的信息处理方式。

第 30 章
自然思维

　　思考会在记忆表面上不同区域之间流动，它完全是被动的，并且遵循记忆表面的轮廓。没有外部作用来引导思考的流动，它的流动路径是记忆表面上激活区域组成的序列。思考可能会沿着相邻的区域流动，也可能会在一个区域终止，又从另一个不相邻的区域开始。流动的停顿之处可能有图像，非停顿之处可能没有图像。但无论图像的序列是相邻的还是间断的，流动本身都可以连贯起来。尽管流动完全是被动的，但我们也可以有意地、人为地在记忆表面上建立模式来影响流向。

　　目前我们能够识别的思考有四类，它们本质上都是记忆表面上被动的流动。但在每种思维中，人为组织的模式都不同。

　　自然思维也可以说是原始、简单甚至初级的思考，它的流向基本上由记忆表面的轮廓决定，没有人为地添加模式形成干扰。这种流动由记忆表面的自然行为决定，所以比较明确。

在自然思维的基础上，如果重复思考三次，那么得出的结论更加正确。重复思考会占据主导，来引导自然思维。此外，自然思维容易被感知所支配，认为显眼的事物比暗淡的事物更重要，认为房间里体格高大或声音响亮的人更重要。

自然思维有一个特点，那就是如果有内部需求正在运作，那么它往往会被内部存在的偏差所支配。其间，记忆表面会选择与偏差最直接相关的模式，最可能使用这些模式。例如，有人会在口渴时想到喝啤酒，而非思考啤酒能否解渴。

自然思维还有一个特点，那就是不按比例划分情况。如果某个爱尔兰人酒品很差，那么自然思维会将所有爱尔兰人都归为酒鬼；如果有学生闹事，那么它会判定所有学生都爱闹事。自然思维就是在强调事物，一个酩酊大醉的爱尔兰人和一个轻度醉酒的爱尔兰人可能会得到同等程度的强调，而大多数爱尔兰人不酗酒的事实并不能抵消这个强调。模式一旦形成就无法消除，只能改变。而自然思维是根据强调进行的，所以它无法改变模式。

在某些方面，自然思维的不均衡就如同报刊内容，其中普通事件与奇怪、异常、情绪化的事件占比相同，但在现实生活中普通事件占比最大。自然思维会普遍地使用标签和进行分类，因为标签确保解释快速，分类确保方向坚定。自然思维几乎不会模棱两可或优柔寡断，哪怕某个区域的支配因素非常微弱，它也足以吸引到自然思维的流动。

不按比例划分事物这一点，尤其妨碍特殊记忆表面对可行方案的识别。哪怕两个模式都可行，特殊记忆表面也只会选择一个模式而完全排除另一个模式。自然思维非常果断，从不使用其他可行的模式。

一般来说，自然思维会受到记忆表面的轮廓或偏差的引导，从一个图像流动到另一个图像。关于自然思维的实际统计数据不仅仅反映了它对事物的分类、命名或所贴标签。

自然思维趋于在刻板模式之间流动。在记忆表面上，刻板模式已经是常用模式，确立程度较深，它们所覆盖的单元会变得越来越大。思考一旦流到这样一个单元，就会遵循刻板模式而流动，完全忽略改变、修正或转向的可能性。自然思维使用的是绝对情况与极端情况，因为这些模式比中间模式更容易建立。自然思维很少会提取部分事物，因为思考沿着既定的刻板模式流动时会产生势头，不太可能只提取事物的一部分。自然思维趋于使用具体图像和个人经验，而非他人提供的既模糊又遥远的模式。

在某些方面，梦境思维就像是自然思维的漫画。但由于记忆表面上的轮廓是自然形成的,因此自然思维确实反映了信息自然流动的顺序。而在梦境思维中,记忆表面上的区域会自发激活,似乎不遵循任何序列。这些区域通过每次的自发激活而松散地相连,形成某种模式。在梦境思维中,以思考对象为主,以思考顺序为辅,自然思维则相反。但在这两类思维中,思考对象或刻板模式都比相关事物更重要。

梦境思维很可能根据内部模式(例如恐惧)来选择思考对象,如果是这样,那么这个内部模式就决定了梦境思维的流动顺序。而在自然思维中,哪怕模式可能不是自然确立的,思考对象也会以自然的顺序排列。

简而言之,自然思维是记忆表面的自然行为,遵循记忆表面的轮廓而流动。思考流动即时、直接,而且基本适当,但也会出现严重的错误。

第 31 章
逻辑思维

自然思维非常流畅，是因为它会遵循记忆表面多次使用某个模式，所以它容易出错。逻辑思维会削弱自然思维，因而能够起到改善作用。进行逻辑思维，就是有意地限制自然思维，防止它过度进行。这其实是通过选择性地阻断自然流动路径来实现的。

进行逻辑推理就是在使用"No"。

如图 104、图 105 所示，自然思维趋于流入记忆表面多次使用的路径，但是如果这些路径被"No"堵上，思考就不得不寻找其他路径。大多数逻辑思考过程都可以归纳为"特性"与"非特性"。如果有一种机制比较敏感，能够识别非特性对象，那么记忆表面就算什么都不做，也能自己发现特性对象。逻辑思维使用的是自然思维的流动，但它的机制更敏感，能够识别和标记非特性对象，因而能够控制自然思维。

逻辑控制可以分为两个阶段，第一阶段是采取一种

图 104

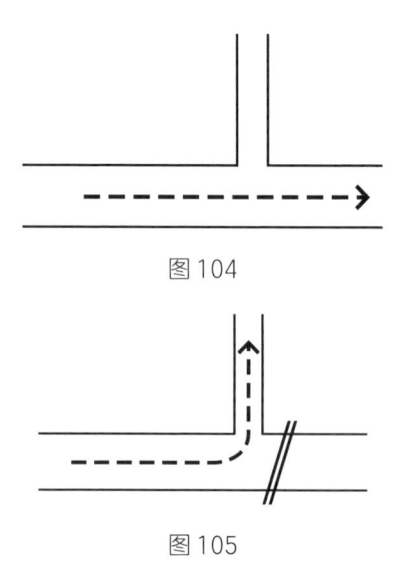

图 105

方便的手段来标记非特性对象,也就是使用"No",或者予以其他任何形式的否定。第二阶段是练习使用"No",让这个机制变得更敏感,能够去识别那些需要被贴上"No"标签的事物。

"非特性"只是一个术语,用来描述错误、不匹配或可检测到的差异。使用"No",就是去识别不匹配的情况。如果情况不匹配,那么就说明记忆表面上肯定存在两个相互冲突的模式。"No"是如何应用到这些模式上的?它又是如何成功阻止思考流入特定模式的?

如果能由外部来识别不匹配的情况,并给它贴上

"No"标签，那么事情就容易多了。然而特殊记忆表面是一个被动的自组织系统，所以这件事无法由外部代劳。也就是说，只有记忆表面本身某些行为的结果才能给事物贴上"No"标签。如果记忆表面上总是表现出不匹配的状态，那么它就会给事物贴上"No"标签。"不匹配"是记忆表面上一种激活的模式，趋于同时尝试朝着两个方向发展，因此这种模式是不稳定的，很可能形成一种内部模式，例如恐惧或紧张。"No"象征着这种痛苦，但又和痛苦本身一样与这种不稳定的模式相连。

视觉上的不匹配确实会引起不适。如果我们认为某些事情不符合预期，那么我们就会感到痛苦；国旗换上其他颜色会产生相同效果；如果饲养员戴上扭曲五官的面具，那么动物看了就会感到不适；晕船导致的恶心也可能是因为事物不匹配；相互匹配的事物就符合审美。

练习使用"No"方便我们识别原本模糊的痛苦感，让我们得以在情绪上反映出"No"。在教育中，越能通过情绪来反映出"No"，以后"No"使用起来就越有效。无法作出适当的情绪反应，就难以进行逻辑思考。

由此可见，"No"就与幽默或发笑一样，是对记忆表面普遍行为的反应。

反映出"No"，则表明发展中的模式不符合既定模式。

至于"No"是如何产生效应以及如何应用的,我们要分开考虑。它作为记忆表面的一种模式,如果连接到任何其他模式,就有可能把思考引入死路,阻断思考序列。这个过程如图 106、图 107 的 d 线所示,两条可用路径之一被"No"连接阻断。比起阻断效应本身,更重要的可能是载体在恐惧或回避时产生的"No"情绪。"No"是一种用来回避特定模式的小手段,一旦成为惯例,载体就会作出相应的反应,就像我们知道火会灼伤人之后会小心用火一样。

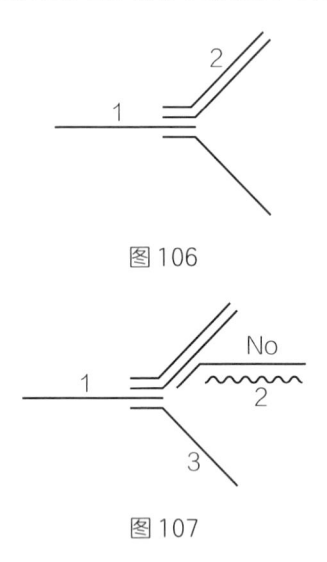

图 106

图 107

如何使用"No"是一个非常有趣的问题,因为在特殊记忆表面上,它会通过情感来发挥作用。一个人在成长过程中，予以"No"的情绪反应越多，"No"的使用效果就越强大。逻辑思维远非考验智力，它大体上是一种情绪化的思维，但这种情绪相当特殊。

使用逻辑思维是为了控制自然思维，同时也能最有效地利用自然思维，所以我们必须通过外部资源来训练记忆表面进行逻辑思考。例如，提高敏感性来准确地识别不匹配的情况，以便及时使用"No"手段。此外，提高敏感性还可以培养我们的审美能力或幽默感。在练习过程中，"No"所附带的情感也可能因惩罚而增加。我们还可以发展某些特殊的方式来处理信息，也就是在记忆表面上建立某些固定模式，这些将在下一章详述。在逻辑思维中，固定模式旨在整理信息，以便记忆表面给出更明确的"No"。

逻辑思维就像是农民特地堵上某些灌溉渠道，将水流引到某个田地里。逻辑思维能对自然思维作出重大改进，但在信息处理上仍有诸多局限。

太早或太轻易地给事物贴上"No"标签，可能反而会阻塞有用的途径。前文的明信片示例就说明了这一点，许多人正是因为一开始就不认为明信片可以剪成螺旋，所以才会错过解决问题的机会。事物一旦被贴上"No"标签，哪怕其中有其他信息可用，标签也难以移除，导致信息浪费。路径一旦被贴上"No"标签，思考就不可能再流入。然而，我们有时必须经过非正确的区域才能到达某个点，进而从这个点看到正确的路径。逻辑思维相当于对自然思维进行修剪与提炼，只留下少数模式给记忆表面使用。但记忆表面实际上是按照其既定方式使用这些模式的，洞悉过程才能够重整信息，但这需要通过改变思考流动的序列来实现，而逻辑思维不可能做到。逻辑思维可能会找到 A、B 和 C 三者的最佳组合，但就算这三者根本就不宜组合，逻辑思维也发现不了。

尽管面对这些限制，逻辑思维也显然能够对自然思维作出巨大改善，而且改善非常有效。在教育中，如果不使用"No"手段来阻断思考的流动，那么多次重复正确的路径也可以达到相同效果，也就是说我们不一定要阻塞其他路径，也可以直接使用正确的路径。但此举只会形成固定模式，而且缺乏像"No"这样灵活的手段来应对之后的情况。

第 32 章
数学思维

　　海绵蛋糕表面的黑色波纹似乎与它的味道或质地没多大关系。面粉、鸡蛋和黄油这些食材似乎与蛋糕关系更密切，但尽管如此，它们看起来也与成品蛋糕相差甚远。然而，蛋糕表面的黑色波纹可能是面粉、鸡蛋和黄油所致。食谱提供书面配方，配方所列模式应用于原料，得出的结果则是蛋糕。

　　参考现成的食谱就要用到数学思维。食谱不像实际的蛋糕制作过程那么具体，只是提供了处理食材关系的技巧。食谱详细说明了某些技巧，但比起列出所有可行技巧，更方便的是列出能以不同方式组合食材的通用规则。数学需要使用符号、遵循规则；规则构成一个特殊的宇宙，其中的事情根据这些规则发生。数学能把任何事物转化成符号，然后放入这个宇宙，根据它的规则来处理符号，最后再把符号转化成事物。

　　数学的规则和技巧是预先制定的，就像人们先设计和制造出洗衣机，再把各种衣物放进去洗一样。与特殊记忆表面不同的是，数学不是在处理信息本身，而是在信息到达前就完成处理。数学并非让信息阻断流动渠道，而是预先挖好渠道，让信息不得不沿着这些渠道流动。

这些预设的渠道有时可以叫作"算法"，它们都是固定模式，并非从呈现于记忆表面的信息中衍生出来的，而是用来控制和整理信息的。算法可以是数学技巧，也可以是文字或任何其他类型的预设模式。

蛋白质是通过自己的结构相互连接，但连接过程是随意的。要确保蛋白质连接正确，准确地遗传基因，就需要比随意连接更好的连接方式。如图108至图110所示，DNA就像一个帽子架，让蛋白质挂在上面。每个钩子各不相同，只能挂住一种蛋白质。在这种结构中，相邻的蛋白质很容易相互连接。也正是通过这种方式，蛋白质会相互连接成一个完整的单元。DNA是一个预设的处理系统，能够让信息以最合适的方式连接起来，数学技巧同理。

符号本身也是一种算法，一旦某个过程被转化成符号模型，那么这个模型的功能就是处理该过程的算法。用一条曲线来表示一颗石头落下的速度，我们就可以研究该曲线还有可能发生哪些变化，并由此推测关于这颗

图 108

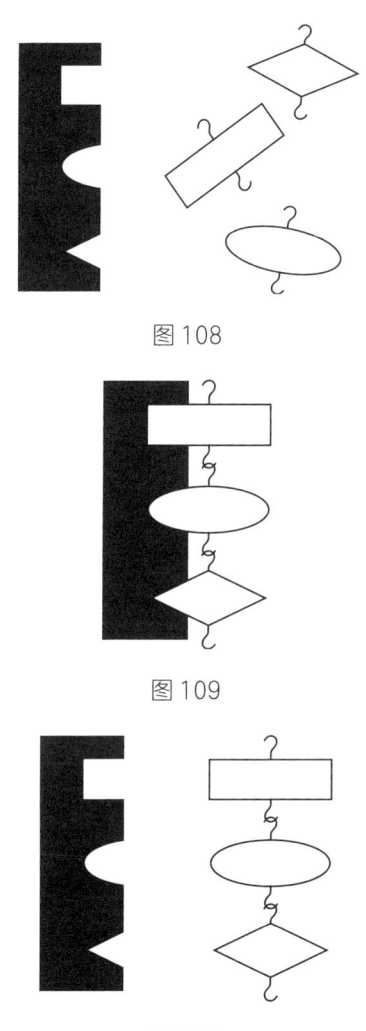

图 109

图 110

落石的信息。符号创建了自己的宇宙，一个好用的符号能够提供许多关于关系的信息，然后这些信息又可以应用到其他关系中。

在数学中，信息的行为不遵循特殊记忆表面的规则，而是遵循数学宇宙的规则。这样一来，我们就可以避免特殊记忆表面处理信息时所面对的缺陷和局限。数学是一种非常有效的信息处理方式，技术的进步离不开它。尽管如此，数学也有所局限，因为它是创造出来的，而非通过分析设计出来的。数学系统本身的进化与变化，与特殊记忆表面上任何既定模式的进化与变化同理。通过洞悉，人们的数学思想会发生巨大飞跃，就像笛卡尔发明了解析几何学与坐标系，牛顿和莱布尼茨发明了微积分，黎曼和罗巴切夫斯基提出的几何学理论，又使得欧几里得的几何学派上了更大用场。毫无疑问，未来还有更多新的想法会出现，而这就必然需要特殊记忆表面做到洞悉，并发挥创造力。

在使用数学之前，我们必须首先将信息分类，然后把信息转化成符号。这个初始阶段依赖于特殊记忆表面的普通信息处理行为，需要选择单元，选择看待事物的视角。博弈论就是一项强大的技巧，可以用来应对竞争中可能出现的冲突。如果我们把博弈论用到《奥赛罗》的故事中，得出的结论可能会很奇怪：苔丝狄蒙娜本应欺骗奥赛罗，而奥赛罗本应杀了她。这是他们各自在这场角力中的最佳表现。博弈论没有错，但结果取决于人们对嘲笑、荣誉和死亡等事情赋予何等价值。使结果丧失意义的，正是所用技巧。在计算机领域，人们用 GIGO 来表示"无用输入，无用输出"（garbage in, garbage out）。可惜人们选择加入数学系统的内容本身并非由数学思维决定，而是由特殊记忆表面的普通信息处理行为决定。对数学技巧的选用，本身也不算是一项数学技巧。

拿一个大家可能都听过的问题来说：两个人相距 30 英里，然后以每小时 15 英里的速度朝着对方骑行。一只蜜蜂以每小时 50 英里的速度从其中一人的鼻子处飞到另一个人的鼻子处，然后返回。如果蜜蜂重复这个过程，直到两人相遇，那么蜜蜂实际上飞了多少英里？假设蜜蜂在鼻子上停顿的时间不计。

这个问题抛给了一位数学家，他思考了一会儿，然后发现这个问题可以用一种处理递减级数的数学技巧来解决。他花了一些时间进行心算，然后给出了正确答案。然而，许多小学生用更简单的方法提供了解答：他们计算出两人相遇需要 1 小时，而蜜蜂的飞行速度是每小时

50英里,所以两人相遇时蜜蜂刚好飞了50英里。小学生把注意力从行进距离转移到所用时间上,便优雅地解决了问题。我们只能猜想,因为这位数学家能够用困难的方法计算出答案,所以他从没想过去用简单的方法。

如果一场网球锦标赛有111名参赛者,那么必须举行的比赛有多少场?大多数人看到这个问题时,会马上联想到网球俱乐部里布告栏上的分队方式。他们要么会首先把111分成两个55和一个1,然后继续分解数字;要么会使用二次方来计算。其实最简单的方法是先想到冠军只有1人,其他110名参赛者都是输家;既然每场比赛淘汰1人,那么需要举行的比赛就有110场。

类似地,如果要把一条长8块、宽4块的巧克力掰成32块单独的小块,但不能对折掰开,那么至少需要掰几次?大多数人会先把图画出来,然后用线条来分割。而最简单的方法是想到每次掰开之际,现有的小块都比当次掰开之前多1块;既然有32个小块,那么掰开至少需要31次。

这些问题解决起来都很简单。拿它们举例是为了说明,就算我们能用强大的技巧来解决问题,这也不代表其他办法不可能更好。选择什么方法这件事并不是数学决定的。

如上所述，数学思维也有局限性，在确定初始单元时尤其如此，这就是为什么数学用在事物上比用在人身上效果更好。

第 33 章
水平思考

使用水平思考是为了抵消特殊记忆表面的错误和局限，这些错误可能会导致信息误用，限制则可能会降低信息的利用率。自然思维包含特殊信息表面的所有错误，逻辑思维旨在避免自然思维的错误，但也有所局限，那就是无法产生新想法来提高信息的利用率。数学思维是建立一个有别于记忆表面的信息处理系统，可以避免自然思维的错误，其局限在于数学只是一个二级系统，旨在充分利用一级系统——记忆表面所选择的信息。这三种思维都不能完全摆脱记忆表面所受的限制，只不过其中两种确实可以减少许多错误。

问题很简单——拥有什么和想要什么这两者是不同的。既然一个问题有始有终，那么我们从一个问题思考到下一个问题，就说明这种思考能够解决问题。

问题可以大致分为三类：

1. 需要处理可用信息或收集更多信息。
2. 不存在问题。也就是说，接受事情的适当状态，不考虑把事情变得更好。

3. 需要对已经处理成模式的信息进行改造。

第一类问题可以通过使用逻辑思维、数学思维或收集更多信息来解决，后面两类问题则需要用到水平思考。大多数时候，特殊记忆表面上的既定模式只能由来自外部的信息改进，这个过程包括添加新信息和逐渐修改旧信息。水平思考旨在弥补特殊记忆表面在信息处理方面的缺陷，能够重整可用信息，把它们从既定模式中移出，并组合成更好的模式。水平思考的效果与洞悉相同。既定模式决定着思考的流动，或者说决定着人们看待事物的方式，而水平思考可以改变既定模式。

记忆表面本身以及自然思维、逻辑思维和数学思维都会进行选择。记忆表面选择关注对象，自然思维根据记忆表面的关注重点来选择路径，逻辑思维通过不匹配的情况来阻断路径，数学思维使用规则来选择可能的变化。在这些过程中，唯一的生成过程就是环境中信息的偶然排列。

婴儿哭泣是一个生成过程，婴儿只要发出声音，事情就会发生。在所有发生的事情中，婴儿只会接受对自己有用的事情。水平思考也是一个生成过程，它并非等待环境来改变既定模式，而是故意尝试用各种方法打乱既定模式，让信息有机会组合成新的样子。如果新组合之一有用，那么它就会被任何上述选择过程选中。

在早期摄影中，摄影师常常要费尽心思去布置背景和灯光，指导模特摆姿势和做表情，等到一切都恰到好处之时，摄影师才会按下快门。现在，摄影师只需要从不同角度、在不同灯光下拍摄模特的不同表情，然后查看相机里的所有照片，把最满意的挑选出来就行了。在第一种情况中，摄影师在按下快门前进行选择；在第二种情况中，摄影师在按下快门后进行选择。第一种做法只会得出事先知道并计划好的事物；第二种做法可能会得出一些完全出乎意料的新事物，并且它们根本无法计划出来。

使用自然思维、逻辑思维和数学思维时，你知道自己在寻求什么；而水平思考则可能要在使用之后，你才知道自己在寻求什么。水平思考就像第二种摄影，其他思维就像第一种摄影。为了便于理解，我们可以将其他思维归为垂直思维，也就是说，它们按照特定模式或序列来进行，就像把一个洞越挖越深。只有存在前进方向时，垂直思维才会进行；而水平思考则可以通过进行而生成方向。

水平思考的生成效应可以分为两种。第一种是抵消、抑制或延迟记忆表面本身激烈的选择过程，同时，还有必要抵消人为培养的选择过程，例如人为地练习使用逻辑思维，提高敏感性来识别不匹配的情况。第二种是有意地安排和布置那些可能永远不会出现的信息。这两种效应与洞悉一样，都旨在让信息更好地自行组织。

通过概述水平思考与垂直思维的一些具体差异，便可以说明水平思考的本质。

替代方案

特殊记忆表面能够自行把信息最大化。只要信息足够明显，记忆表面就会趋于选择其中最明显的信息。有一项实验是给一组儿童每人发两块小木板和一根绳子，每块木板的末端都有一个洞。他们的任务是穿过房间，但不能让身体的任何部位接触到地面。因为木板有两块，而人正好有两只脚，所以孩子们很快就想到用木板来垫脚。他们先站在一块木板上，把另一块木板往前放，然后踩上去，再把第一块木板往前放，这样就能按照规则穿过房间。

另一组孩子每人只得到一块木板和一根绳子。过了一会儿，有孩子想到把绳子系在木板的洞上，然后站在木板上，用绳子捆住脚，跳着穿过房间，这比用木板垫脚更快捷。但是拥有两块木板的孩子完全没想到第二个办法，因为第一个办法足够有效，阻断了他们的思路。这个思考过程如图111、图112的d线所示。

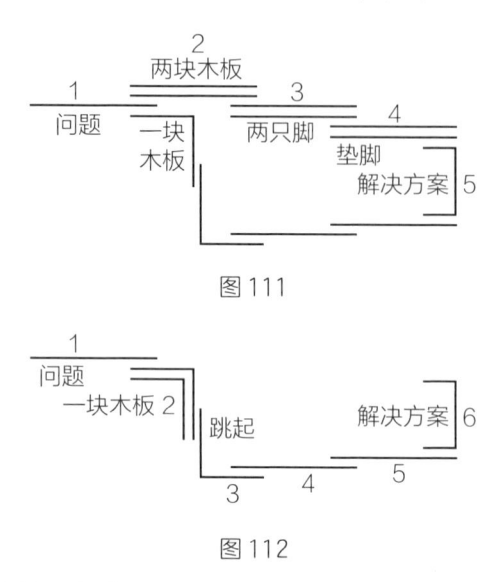

图 111

图 112

如果一条路径很明显，那么它可能会自我选择；也可能是"No"标签阻塞了其他路径，只剩下一条路径可以通行。

垂直思维可以通过上述两种方式中的任意一种来选择路径，而水平思维则会尽可能地生成更多可行路径。

如果一个人从小就经常给事物贴上"No"标签,那么他就会忽略自己所反映出的"No"。我们会想出显而易见的办法,但也仍然会继续想出其他办法。

拿前文拼接塑料薄片的示例来说,如果拼接者不喜欢自己拼出的某个矩形,那么继续拼出正方形等其他形状就是很容易的事。

>>> 非序列

我们把话说出来之后,可能才会发现这些话有理由说。话一旦说出来,整个背景就会发展并支持它,但背景永远无法产生话。同理,我们也许不可能通过计划创造出新的艺术风格,但新的风格一旦出现,它就会变得有效。我们在到达某处之前,通常都需要一步一个脚印地走。但我们也可以先想尽办法到达那里,再回头寻找最佳路线。我们可以从头开始解决问题,也可以在问题解决之后总结最佳方案。

我们并非要一直沿着某条路前进,而是可以先后切换到另外的一处或多处,等待它们连接形成一个连贯的模式。记忆表面自行把信息最大化,其实就是把分离的点连接起来,创建一个连贯的模式。如果这个模式有效，那么它是否按照顺序出现就无关紧要了。此时，记忆表面参考的框架是当前信息组合所提供的背景，其中暗示了这个信息组合的发展方向。事物按照参考框架来运作，就不可能破坏这个框架。当然，事物也可能有必要跳脱出参考框架；如果跳脱成功，那么框架就会改变。

>>> 撤销选择

使用水平思考是为了避免自然思维和逻辑思维的选择过程，以便发现选择过程是否排除了有用的信息组合。也就是说，水平思考既不关注逻辑思维对流动的消极阻断，也不关注自然思维中选择的主导作用。逻辑思维必须证明每一步思考都合理，用"No"阻断不合理的路径。水平思考则无须证明思考步骤是否合理，它允许思考流经可能已经被贴上"错误"标签的区域；结果可能表明，贴上这个"错误"标签属于妄断，就像过早地判定明信片剪不成螺旋一样。事实可能证明，这个标签在应用时有效，而现在已然失效；事实也可能证明，虽然错误区域本身到不了正确路径，但只有站在错误区域之外的某处才能看到正确路径。同理，建筑师无须证明一座桥的每个修建阶段都能合理地支撑起来,只要最终建成的桥能够支撑起来即可。

自然思维会因自行选择而建立刻板单元或模式,而水平思考趋于打破它们。这个过程可能是另辟蹊径创建新的单元,也可能是改造一个显而易见的模式,从而产生新的模式。任何被记忆表面固定、接受或认为理所当然的模式,水平思考都可以重新检查,看看能否释放那些被禁锢在其中的信息、能否消除已经形成的阻碍。

运筹学人员对一栋电梯太少的摩天大楼进行过研究,结果表明在上面办公的人对上下班延误感到不耐烦,因而逐渐离开。建筑师和工程师都建议安装更多电梯,提高员工的流动效率,但也表示这么做花费高昂。运筹学人员提出了一个更简单的解决方案——在电梯入口周围安装镜子。于是,员工把等电梯的时间花在了照镜子上,没那么急切了。在这个示例中,思考从加速员工流动的刻板模式转移到了如何缓解员工的不耐烦上,从而找到了更简单的解决方案。

>>> 注意力

记忆表面的所有既定模式都为注意力提供了自然流动的序列。改变这些序列,既可以让注意力沿着原路径朝着另一个方向流动,也可以让注意力流入不同的路径。这个机制可能是记忆表面洞悉解决方案或者通过洞悉进行学习的基础,已经在关于洞悉的一章中讲述。

假设某人每天早上进入办公楼乘电梯,到10楼下电梯,然后走楼梯到16楼;晚上,他走出办公室乘电梯,到1楼下电梯。他为何要这么做?大多数人猜他是个健身达人,喜欢每天爬6层楼锻炼身体。然而事实是这个人很矮,按不到10楼以上的电梯按钮。

我的一个朋友在更换车胎时,有几颗紧固螺母滚进了排水沟里,找不着了。他不知如何是好,就准备拦辆顺风车去距离最近的汽修厂。这时候一个小男孩路过,问男人发生了什么。男人告诉他事情经过之后,他说:"哦,这很简单呀,你只需要从其他轮胎上各取一颗螺母装上去,就可以把车开到汽修厂啦。"

上述的每个示例都表明,注意力稍微转移就会改变整个模式:从装不上的轮胎,转移到其他可用的螺母,这个示例的注意力转移如图113的d线所示。

图 113

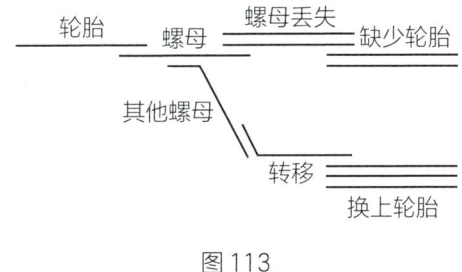

水平思考的应用

水平思考往往是在引发某些事情之后才体现出效果，但这并不意味着我们不能刻意使用它。水平思考的使用需要我们具备某些简单固定的技巧，认识到普通信息处理的局限性，并采取一种更通用的手段，这一点我们将在后文讲述。

这些简单固定技巧或算法就像数学算法一样明确，是预先设定的模式。记忆表面可以学习这些模式，然后用来处理不同的信息。

随机输入

在一个能够让信息自行最大化的系统中，发展中的模式无法轻易改变，但从外部随机输入的信息可以破坏旧的模式，改造出新的模式。接受随机输入的信息可能就像逛超市或者看展览一样随意，也可能像翻到字典的某一页、查找其中的一个字那样确定。无论是哪种情况，注意力都是从随机输入的信息转移到问题上，再从问题回到信息上。记忆表面的性质决定了信息最终必然会形成一个连接模式，而且这个连接模式可能会从新的入口切入问题，并产生新的想法。随机输入的信息，它们的产生是相当刻意的，而记忆表面如何使用这些信息则取决于该表面的性质。

>>> 定量

为问题设定可行方案的数量是非常容易的。我们所要做的就是在达到定量之前，不采纳任何方案。这个过程本身不会产生新的方案，但能让记忆表面把注意力放在问题的起点，以免被某个看起来不错的想法带偏，不再去寻找其他方法。

注意力的游移

如果我们把情况分成几个部分,那么我们就有可能培养出一种刻意的技巧,让注意力游移到的每个部分都成为关注中心。培养这个技巧是为了延迟记忆表面的决定,以防注意力被最突出的信息独占。

反向

这个过程相当于拿取某物,再把它颠倒过来。确定了一个方向,那么与之相反的方向就确定了。

例如在一条蜿蜒的乡间小路上,司机开车跟在一群缓慢前行的羊群后面,这些羊拦住了整条车道。车道两侧以高墙为界,没有间隙,司机不得不等待很长时间。于是牧羊人示意司机停车,把羊从静止的车辆旁边往回赶,而不是让汽车从羊身边开过去。

互动

这个过程能给不同的头脑提供互动的机会,让思维差异作为外因来改变每个头脑中的既定模式。毕竟在一个头脑中确立的内容，对于另一个头脑来说可能是新奇的，一种想法会激发出另一种想法。

这些技巧能够为记忆表面提供使用水平思考的机会。正如设计科学实验是为了揭示信息一样，这些技巧给信息组合成新模式提供了机会。各个模式会有所不同，其中某些模式可能比另一些更好。

水平思考是一个生成过程，在它生成新的信息组合后，记忆表面的选择过程可以检验这些组合。水平思考是一个过程，它与自己的结果是相互独立的，因此它永远无法证明结果是否合理。水平思考不仅不可能降低垂直思维的效率，反而还会增强选择过程的效果。

有时候，水平思考能够让记忆表面发生洞悉，从而让信息重组并得出解决方案。其他时候，水平思考则是为垂直思维的发展提供其他途径。

第 34 章
Po

Po是一个新词，我们可以理解为"肯定"，使用它就可以实现一种原本不可能实现的思考。因为特殊记忆表面具有缺陷，所以我们才需要使用"Po"。

水平思考给出"Po"，逻辑思维给出"No"。我们可以说，水平思考用于管理"Po"，逻辑思维用于管理"No"。

这里可以总结一下特殊记忆表面有哪些缺陷。特殊记忆表面将信息处理成离散的单元来记录，单元会变得越来越牢固并发生极化，从而决定记忆表面去接受哪些信息。单元排列组合成的模式也会越来越牢固，直到各个单元无法再分开，就形成了刻板模式。单元和模式的确立都取决于记忆表面的性质，这个性质只是为信息自组织提供了机会。信息会自行组织成模式，这个模式就是当下最好的信息组合。记忆表面的性质趋于巩固模式。模式控制着注意力，所以无论如何都趋于自我延续。此后，模式会持续存在，但可能不再是可用信息的最佳组合。信息的最佳组合能有多好只取决于信息本身，而它们能组合得多好主要取决于它们到达记忆表面的顺序。尚不完美的组合控制着注意力,所以难以改变。但环境信息的偶然组合会触发信息彻底重组,从而更接近最佳组合,这个过程就是洞悉。其中一个示例就是为一个困难的问题寻找一个显而易见的解决方案,而解决方案通常只有在找到之后才会变得显而易见。

特殊记忆表面通过让信息自行组织来处理信息,它的固有限制分为两种。其一,信息处理必须按照只反映经验的步骤进行,这些信息既可以是直接接收的,也可以是间接接收的。对于相互分离的经验,记忆表面可能进行提取或合并,但这两种行为仍然由经验主导。收集新信息的行为也由经验主导,因为新信息只有在符合现有模式的情况下才会被记忆表面选择,由此可见,新旧信息之间的关联很重要。教育一直在强调特殊记忆表面的这种自然行为,只允许思考以合理的顺序步骤进行。为了落实这一点,我们要学习如何有效地使用"No"手段。

其二,信息的组织会叠加。旧信息控制着新信息的组织,模式形成之后会得到巩固,并逐渐僵化。在模式的形成过程中,记忆表面趋于把事物分解成之前不存在的固定类别;然后,信息就会趋于两极分化。有时,这种趋势会把微小差异放大成巨大差异,而记忆表面又让信息按照既定模式处理，所以无法识别出这些巨大差异。教育会进而加固既定模式，并且让我们学会给事物"贴标签"，从而再次增强信息两极分化的趋势。"No"标签的效果最强，会把某些事物严格地排除在外。极化趋势的结果就是形成傲慢且僵化的模式，其中所含信息非常不合理。

"Po"的两个功能能够针对性地弥补记忆表面的两种固有限制。"Po"的第一个功能是将没有经验证明的模式当作真实存在的模式来使用，以便记忆表面洞悉信息并产生新的想法。第二个功能是减少因特定观点和信息自由组织而产生的排他性，以便洞悉过程重组信息并产生新的想法。这两个功能都注重信息临时组成的模式，以及模式僵化的危害。"Po"的这两个功能实际上是一回事，但为了便于理解，下文将对它们分开讨论。

"Po"的第一个功能

下面两种思考方法截然不同，但都能够得出有用的结论。

第一种方法是认真逐步扩展已知信息，直到得出新的结论。逻辑思维或数学思维就是如此。结论是否合理，就看推导出它的途径是否合理。

第二种方法是破坏记忆表面已接受的模式,从而探索已知信息的其他组合。任何能够重组信息的方法都可以使用。如果出现了一个有用的新组合,它必然会自己表现出价值。与第一种方法相比,结论是否合理,根本无法从思考过程中看出来。不过从新的结论回望问题的起点,我们有可能找出一条最合乎逻辑的路径,这条路径通往结论、支持结论。路径从哪一段开始构建并不重要,重要的是它是否合理。得出结论后才可以构建出合乎逻辑的路径,但这也并不能说明结论是通过这条路径得出的。

上述两种思考的区别如图114、图115所示。

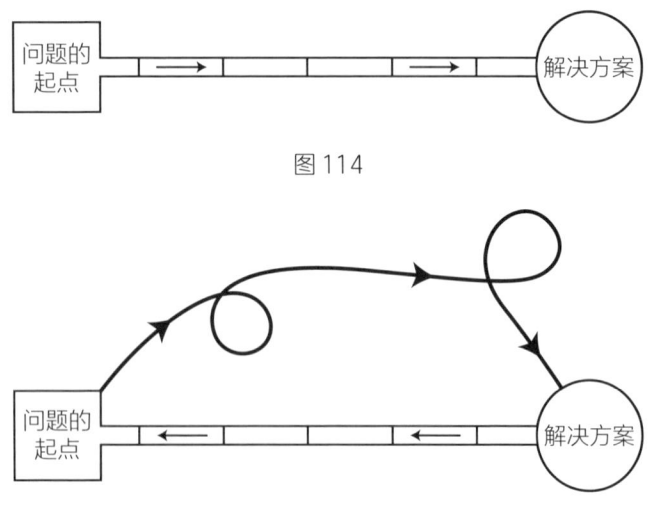

图114

图115

先有途径，才有解决方案

我们可能必须站在山顶，才能看到最好的上山路径；我们在说完某件事之前，可能并没有理由去说这件事。解决方案可能只有在找到之后，才会变得显而易见。但是我们要如何先抵达山顶？"Po"其实是一种欺骗手段，允许我们以完全不符合经验的方式来使用信息、达到目的。没有"Po"，我们就必须从山脚开始小心翼翼地往上摸索，每一步都需要充分的理由。

从问题的起点开始并不等于从零开始，这是许多人解决问题的技巧。这个技巧为我们提供了一个新的切入点，通常很管用。在讲述洞悉的第23章中，就有讲到通过特殊记忆表面的信息处理机制来寻找新的切入点有多重要。如果问题的终点已经明确，那么我们几乎没有必要使用"Po"从终点往回看；但如果问题始终都不明确，那么我们就需要生成一个终点，比较有用的办法就是给出"Po"。

通过"Po"生成的终点可能有其意义，也可能毫无意义。假设问题是过度拥挤，那么生成的终点可以是"Po：人们应该习惯彼此的存在"。这个说法本身没有意义，但可能会令我们产生这样的想法："实际上我们彼此的身体并不能重合,而是存在于共同的空间,那么一个人凭什么长期占据自己偶尔用到的空间?不妨把空间既用来生活,也用来工作。"

不相连的跳跃

如果我们沿着连续的路径、合理的步骤前行,那么我们可能会遇到阻碍,或者无法取得进展,或者发现自己兜兜转转又回到原地。这时候,跳到路径以外的新地方很有可能帮助我们突破困境。在无法取得进展的情况下,我们必须跳出原路。"Po"可以充当连接,为跳跃提供理由。实际上,使用"Po"才能表明跳跃并非出于任性,而是大脑的信息处理行为需要这么做。哪怕某个事物与问题毫不相关,我们也可以使用"Po",把这件事带入问题背景。因为记忆表面趋于把事物联系起来,所以我们在问题背景下的所作所为都会与问题相连,并且可能有助于解决问题。

假设我们正在讨论大学生是否应该参与大学的管理事务,有人突然说:"Po:猫有猫崽",于是大家可能会出现这样的想法:"……对需求反应过度——把主要需求分解成与之对立的次要需求——生活在继续——刚出生的猫崽眼盲,但发育迅速——想法会催生出其他想法——无论如何，猫都只是点缀物。"要让跳跃有效，就别跳得太浮夸，简单一跃即可，例如说"Po：大学欠缺资金"，就能产生一些作用。

除了简单一跃之外，我们还可以通过"Po"把两个毫无关联的想法拼凑起来。比起研究问题本身，拼凑想法可能更有利于产生新的想法来解决问题。

并列

使用"Po"，能够以完全中立的态度将不同事物组合起来。"Po"不肯定（语言中"是"的功能），不否定（"否"的功能），不添加（"和"的功能），也不替代（"或"的功能）。"Po"与这些词不同，它不是要把文字组合出意义，而是要通过组合文字来触发其他事物。这样，哪怕是最奇妙的事物也可能与最不般配的事物组合起来。

"Po：月球是绿色奶酪组成的"，由此可能引发这样的想法："月球的本质就是我们所熟悉的奶酪，但一直离我们很遥远——它可能会变得像奶酪一样离我们很近。月球的成分并不重要，重要的是它的象征本质；而科学证据不会让我们觉得月球更神奇，反而会破坏我们的想象。也许月球不仅仅是一种物质，还可以成为食物之源，用来种植某类合成食品。为登陆月球而付出巨大努力并不值得——如果它由绿色奶酪组成，那么它就只能帮助地球缓解饥饿问题。遥远而神秘的事物实际上可能很平常。如今，人类已经能够从月球上挖取一小块物质回来研究——得益于技术的进步，那些目前仍然无法验证的想象，人类可能很快就能逐一验证。如果月球是绿色奶酪组成的，那么它就更有意思了——这些物质能有什么用？"

上述"Po"的说法所引发的想法不是特别有用，但使用"Po"确实会让我们产生更多想法，而不只是想着"月球上满是尘土"。

反向

"Po"可以用来逆向思考事物，例如："思考就是在选择材料，并把它们处理成越来越固定的模式。"这听起来没错，但我们再看看反反向的说法："Po：思考会松动模式。"这个反向就用到了水平思考，并且可以松动已经固定的模式，让信息重组成新的模式。

反向是一个简单的过程，因为只要有一个方向显现，与之相反的方向也会显现。这就是为什么反向能够起到破坏性的刺激作用。

出错

物种为了进化出高效的种群,可能也需要繁殖一些无用的种群。同理,思考可能需要经过一个错误的阶段,才能得出有用的想法。水平思考和垂直思维最根本的区别是,垂直思维不允许任何阶段出错,而水平思考允许在问题解决过程中出错。为了以某种方式收集信息,思考可能必须出错,然后发展成有用的解决方案,但解决方案本身必须正确。

某个事物也可能只是在当前的参考框架中出错。做好犯错的准备,最终才可能改变这个参考框架。

"Po"允许出错,但又无须为错误正名。如此一来,我们就可以在通往解决方案的途中,走到错误之处。不过以这种方式使用"Po",也可能会导致思考去重复使用错误的参考框架。

船舶装卸货物的大部分时间都停泊在港口,毫无收益可言,所以人们可能正在设法开发新的装卸方法,例如使用集装箱。然后有人可能会建议:"不如在船舶还未靠岸时,就把货物装卸完毕?"这话听起来完全不合理,但可能会引起人们思考船舶未靠岸时,它如何航行、船员能做什么,以及导航功能发挥哪些作用。这时候,参考框架就从考虑如何给船舶装卸货物，变成了船舶本身能够做何改变。

半确定

催化剂能够使物质发生化学反应，但不构成最终物质的一部分。催化剂发挥完自己的作用就会退出环境，但没有它，某些化学反应永远无法发生。催化剂的作用是保持事物处于正确的位置，从而发生相互作用。维生素让人体能够使用食物。催化剂、维生素和酶就像是通信点，让化学物质得以相互交流。"Po"在处理信息方面的作用也是如此。

很多时候，思考会到达某个点："如果这是真的，我才可以继续。这似乎是真的，但我目前还无法证明。"在这些情况下，哪怕行动尚未做出，"Po"也允许思考继续进行，就好像事情是真的一样。通过继续思考，我们可能到达某个阶段，足以证明事情属实；也可能会发现所述事情存在疑点，无须坚持。

在这种情况下，我们需要使用类似"Po"的手段，否则我们要么就停下思考，要么就继续思考，仿佛所述事情属实，并没有任何确凿证据来证明事情只是暂时属实。"Po"的这种特殊用法，非常接近我们平时进行的假设和猜想。

构建

"Po"的使用就像学校教授的几何构建一样。例如,如果我们必须证明三角形中间平行于底边的线平分了它的一条侧边,同时也平分了另一条侧边,那么我们可以按照图116、图117来构建三角形。如果某个事物来自外界,那么情况其实会以非固有的方式变化。

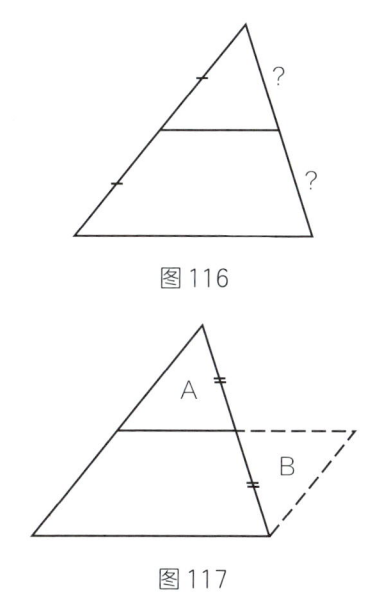

图116

图117

一位哲学家打算爬到山顶进行冥想。他从黎明开始爬，在夜幕降临时到达山顶。他一个晚上都待在山顶，但不小心睡着了，直到第二天下午才醒来。然后他开始下山，在夜幕降临时回到家。如何证明存在某个地点，哲学家在第一天上山和第二天下山的同一时间到达该地点？

用图形来解答这个问题很简单，但更简单的方法是假设："Po：下山的哲学家遇到了上山的自己。"两者相遇时，必然在同一点。

信息一旦重组并得出解决方案，构建就没必要了。就像桥梁建造完毕、能够稳定支撑起来的时候，脚手架就可以拆除了。

随机刺激

水平思考的一条基本原理是，记忆表面可能需要来自外部的随机刺激来改造模式，或者说改变观点。刺激肯定是随机的，因为如果某个刺激被选中，那么它会扩展所用模式并加强该模式。记忆表面可以直接使用随机刺激，几乎不需要"Po"来实现这一点。"Po"的作用是把过程形式化，有意地把某个刺激当作随机刺激来使用。在讨论犯罪时，如果有人突然提出"口香糖"，大家可能会非常困惑。但如果他说："Po：口香糖"，他的意图就很明显了。通过"Po",随机刺激才不显得突兀、更易于使用。"Po"其实意味着,此时我们可能需要随机刺激来产生一些新的想法。哪怕某些事物看起来疯狂且不合逻辑,"Po"也能让它们变得完全合理。

"Po"的第一个功能只是让人们说出自己想说的话,倒不是话本身有意义,而是这些话可以让有意义的信息重新组合。如果我们无法通过经验、关联或逻辑来证明信息的某种用法是正当的,我们就可以用"Po"来暂时地证明。前文已经列出"Po"的一连串具体用法,而且一旦实现它的基本功能,我们便可以探索它的其他用法。

≫ "Po"的第二个功能

特殊记忆表面上的模式会越来越牢固,这是不可避免的过程,而"Po"的第二个功能能松动这些模式。特殊记忆表面的本质就是创造和使用模式,从生物学角度来看,模式越牢固越好。但从社会学角度来看,牢固可能并非优点。

反排他性

特殊记忆表面的本质是形成模式,这些模式看起来独特、正确，而且能够自我延续。"Po"则提醒我们，模式变得越来越牢固不是因为它们独特且有效，而是由记忆表面的性质所致。我们在一次次使用模式并表示反对后，行事态度难免变得越来越恶劣和武断，从而产生排他性。练习使用"Po"可以缓解这种情况。认识到这种态度本质上是任意的，以及它的历史沿革，我们才能利用它，避免自己去排斥其他观点甚至固执地认为他人应该予以认同。

"Po"就像一个开罐器，它不会清空罐子里的东西，也就是说，它不会反驳观点。"Po"表明，"你可能是对的，你的资源可能非常有用，但要记得，记忆表面的本质就是创建看似独特、正确，而且能够自我延续的模式。"

排他性会以多种形式出现。例如，一种固定的视角会产生骄傲的排他性，而另一种固定的视角会产生绝望的排他性。"Po"可以表明事情可能不像看起来那么糟糕，或者可能不像看起来那样会一直糟糕下去，从而绝望的排他性就会得到缓解。"Po"并非一种临时手段，而是一种心态，它可以消除上述排他性。

不过我们最好不要过分使用"Po"，以免它丧失效力。本书也不认为，认识到模式是任意形成的，我们就会失去前进的动力或方向。相反，无论模式的形成多么任意，只要我们认识到它们的用处，就可以利用它们。但我们不该只坚持使用这些模式，还应该寻求更好的模式。而且如果模式看似具有潜力，我们要乐意去改善它们。"Po"本身就能防止我们傲慢地使用模式。

特殊记忆表面的信息处理机制能够进行洞悉，也能够产生幽默。这两者都表明除了既定模式之外，记忆表面还可能把信息组合成其他样子。"Po"会提醒记忆表面留意某些事物，例如幽默感、比例感，以及对他人观点的包容（但不一定要包容他人僵化的观点）。

"Po"作为插入语

如果你不同意某人的说法，你可能会在对方语毕后说"No"，或者以更礼貌的方式否定。如果有人说出了某个唯一可行的真理，那么你可能会在对方语毕后说"Po"。但这并不意味着，这个真理除了具有排他性，不存在任何问题。这时候使用"Po"，可能表明这个真理在它的参考框架内完全正确，但参考框架本身也可能是错误的。"Po"还意味着，"我无法在你的真理中找出错误，我现在也无法提出其他真理。你的真理是某种看待情况的视角，但其他更好的视角也可能存在。我会暂时认可你的真理，它并不是独一无二的，但很有用。"

"No"代表完全不认可;"Po"代表不认可某个说法的内容,而非它的条理。"Po"会引导我们记住特殊记忆表面这个信息处理系统是会犯错的。

重聚

记忆表面的特征之一是将事物分解成独立的单元,之后,这些单元会逐渐拉开距离。例如,记忆表面会把一个过程分解成"因"与"果"。

为了让记忆表面以另一种方式使用信息,我们暂时可以使用"Po"来攻击分解出来的单元。有时,整个分解过程都是任意的;有时,对某一层级的分解是有用的,进而对其他层级的分解则是任意的。在第二种情况下,"Po"似乎在请求记忆表面去关注凝聚碎片的因素,而非分离它们的因素。如果事实如此,那么"Po"的请求就相当于副产物,而"Po"的功能只是松动分解结果。

说"男人 Po 女人"就和说"人们"或"人类"一样。但是说"男人与女人"就非常不同了,因为这样说是为了把两者合并讨论而故意把他们区分开来。"Po"则摆脱了这种区分。说"民主党 Po 共和党"和说"民主党与共和党"也是不同的,前者表明两者之间的差异可能不太重要,而后者表明两者的立场不同。说"政府 Po

人民"会让记忆表面关注两者之间是否存在共同利益。"Po"本身绝非判断，而是一种质疑分解的手段。"富Po穷"的说法并非代表富与穷之间基本没有区别，而是代表"让我们思考下这种划分，进行评估，看看如果我们暂时不划分两者会怎样。"在"Po"的质疑下，分解可能会崩坏，也可能会经受住这场考验。把两者并列这件事本身可能会刺激记忆表面。

现在我们看看"Po"的两个使用示例：

1. 战舰Po小狗。

2. 北方人Po南方人。

根据我们以往的经验，第一个示例中的战舰与小狗不太可能并列考虑；第二个示例并列北方人与南方人，是因为我们的经验已经把两者区分开来。这两个使用示例都不符合我们的经验，目的都是刺激记忆表面。

"Po"在质疑分解时，可能会暂时地建立联系，看看是否会得出任何有用的组合。例如，在劳资纠纷中，"工人Po雇主"的说法可能会刺激人们去考虑两者的共同利益，例如生产力，或者去考虑工人参与程度等。"爱Po恨"的说法可能会刺激人们去思考两者都表现和反映出来的力量，并思考弗洛伊德的观点：两者并没有那么不同。

"Po"对已分解单元的凝聚作用，特别有利于将分化的两极重新结合。例如，灵活的对立面是固定，反之亦然。但人人都在追求"灵活 Po 固定"的系统，以及前文所述的"强硬 Po 谦逊"和"混乱 Po 控制"的系统。

碎片重新组合也并不意味着它们会成为记忆表面上的长期模式，它们只是用来刺激记忆表面产生新的想法。语言无法创造独立的动态单元，所以碎片需要暂时连接。我们并不想失去"固定"与灵活之间的差异，而是要在保留它们的同时，说明某个系统可以兼备两者。"Po"所攻击的是分解与分离，而非这两者的本质。

抵消"No"

"Po"可以用来质疑分解，并暂时移除标签，包括所有标签中效果最强的"No"。"No"反应是一种娴熟的思考习惯，因此"Po"最必要的作用之一就是打开被"No"标签阻断的路径（可能阻断已久）。不管标签多有效，"Po"一般都能暂时把它搁置，让记忆表面得以再次使用被屏蔽的信息。

"No"对思考路径的阻断作用非常强大，所以"Po"对"No"标签的抵消非常有用。记忆表面可能过早地给事物贴上了"No"标签，这个标签在贴上之时有效，但现在可能已经失效；标签现在也可能仍然有效，但被它屏蔽的信息现在可能对其他情况有用。某些想法在当时被判定为无用，而科学总是在回顾往事，从人们弃置的想法里发现巨大的价值。

"No"标签的本质是情感反应，所以标签一旦贴上，就会长期附着于事物。"No"标签相当于贴在了路径的入口处，因此我们无从得知该标签是否仍然适用。

"Po"只是暂时抵消"No"标签的作用；如果"No"标签确实合理，那么它通常会再次阻断路径。但标签如果是被移除的，就不会再次贴上。在20世纪60年代初，汤罐头在多数艺术评论家眼里根本算不上艺术。直到安迪·沃霍尔（Andy Warhol）画出了著名的《金宝汤罐头》，这个普通的事物才突然变成了艺术。由此可见，阻断路径的标签一旦被移除，背景就会发展起来，防止该标签再次阻断路径。

可行路径

"Po"可以疏通路径，也可以阻断路径。比起路径被阻断，更危险的情况是思考被看似有用的路径吸引。毕竟，一处阻断会让你看向其他地方，一处吸引也会阻止你看向其他地方。无论思考是被适用的路径吸引，还是被明显的路径吸引，都会妨碍记忆表面探索信息的最佳组合。一条路径会在记忆表面的逐渐熟悉下、在情感的驱使下，或在它自己的引导下，自然而然地占据主导地位。"Po"用来暂时阻断自然而然占据主导地位的路径，"Po"表明："这种路径可能没错，但它可能不是最有效的路径。我们不妨暂时搁置它，尝试寻找其他路径。""Po"对路径的阻断往往是临时的，这就是它与"No"的不同之处。

"诺拉很丑"这个说法可能太直白，但如果有人说"Po：诺拉不丑"来阻断这个想法，那么大家也许会思考那些被整体判断掩盖掉的特征具有哪些价值。

在前文给孩子发木板的实验中，如果第一组孩子告诉自己："Po：用木板垫脚不是唯一的方法"，那么他们就可能找到更有效的方法。

约瑟夫·李斯特（Joseph Lister）选用石炭酸作为消毒剂，为近代外科手术的发展作出了巨大贡献，因而备受赞誉。罗伯特·劳森·泰特（Robert Lawson Tait）完全不看好李斯特的方法，但他就算没使用消毒剂，而是一丝不苟地为患者进行清洁，也同样实现了强大的消毒作用。我们可以说，"Po：杀菌并非是防止伤口感染的唯一手段"。

"Po"的第二个功能是释放，让我们摆脱僵化的既定思想、既定模式、既定标签、既定分解、既定类别。"Po"能够松动模式。我们在认可既定模式的必要性及其巨大用途的同时，最好也要通过某些方法来质疑既定模式，甚至暂时地破坏它们。面对记忆表面形成模式这个行为，"Po"能够起到提醒作用，降低某些观点的排他性。

即便有人从未使用过"Po"，了解它的本质也能有助于缓解头脑僵化。

>>> "Po"的情感

特殊记忆表面是一个被动的自组织系统，因此"No"反应永远不会改变该表面的行为，除非"No"附带情感。对可能引起疼痛等不适的情况，"No"作出象征性的预期。痛苦可能发生在生理层面，早期感到疼痛可能有助于我们练习使用"No"。还有一种不适则纯粹发生在智力层面，由情况不匹配所致。例如，某个事物看起来同时像两个事物，这种不匹配的情况会令人感到极度不适。

如果我们预期自己会在洞悉解决方案后感到愉悦，

或者预期一切到位之时自己就会灵光乍现,那么"Po"就带有情感。这种愉悦与幽默相关,甚至可能与审美相关。无论是哪种情况,记忆表面都会突然建立起一个简单的模式,与不匹配的情况所引起的尴尬冲突对立。这类情绪反应可能与希望成功的心理相关,还可能与好奇事物、探索事物的心理相关。

"Po"通过缓解记忆表面僵化的恐惧,还可能衍生出某些情感。如果"Po"附带情感,那么它最终在事物之间建立起来的联系就不仅仅是反映了经验而已,而"No"的作用是削弱事物与这些经验的联系。

不愉快的反应和愉快的反应都源于记忆表面的机制,与信息的价值无关。情况因不匹配而不稳定,可能导致记忆表面的一般行为出现波动,而愉快的反应可能减少该波动。反应机制的本质并不重要,但它肯定与记忆表面的行为有关,与记忆表面所储存的信息无关。

>>> 假设、猜想与作诗

上面这个小标题似乎足以概括"Po"的作用。使用"Po"与假设、猜想和作诗有所重叠,并且信息在记忆表面上自然而然地极化,可能趋于扩大它们的重叠部分,导致有人以为"Po"没有任何新功能。

"假设"是指目前最合理的猜测，尚未被证实，但是是通过合理地组合当前信息推导出来的，目的是让我们在适当的时候证明它。"Po"与其他假设之间的鲜明对比在于，"Po"的作用是尽可能地作出不合理的假设，甚至尽可能地跳脱出当前的信息组合，从而产生颠覆性的效果。"Po"是在质疑，并非意在证明自己正确。

"猜想"和语言中的"如果"，都是使用尚未被证实的说法，但两者处理的事物本身都相当合理。唯一不合理之处在于，假设和猜想都把事情说得像已经发生过一样，但实际上事情并未发生。提出逻辑非常不周密的假设可以实现"Po"的某些功能，但与使用"Po"的效果有所不同。例如，说"假设月亮由绿色奶酪组成"和说"Po：月亮由绿色奶酪组成"，是不一样的。"Po"对事物的并列、对记忆表面的随机刺激、对分离单元的凝聚，都无法通过"假设"来实现。"假设"的缺点是它仍然运作于系统内部，所以无法像"Po"一样对系统造成某种破坏。"Po"所开拓的可能性并非基于合理怀疑，反而是基于不合理的怀疑。

在上述小标题中，最接近"Po"的也许是"作诗"。作诗是把可能属于荒谬的元素放在一起，旨在激发人们从新的视角看待事物。此外,诗歌以不同寻常的方式使用文字。由此可见,"作诗"比"假设"和"猜想"更像"Po"。

》》"Po"的语法

我们可以以任何看似自然的方式使用"Po",它绝非意在撒谎和圆谎,所以它引出的说法必须清晰且明确。本章所举示例说明了"Po"的一些使用方法。

1."Po"可以加在句子开头;也可以加在任何需要匹配的短语或词语前面,无须用到整个句子中,例如:

这个新词"Po"用起来有风险。

2."Po"可以用来联系两个词或两个概念,从而质疑两者之间的划分;将"Po"放在两者之间还可以用来并列两者,刺激记忆表面产生新的想法,例如:

艺术家"Po"知识分子会发现这个新词用起来很简单。

3."Po"可以放在大多数"否"或"不"的位置,包括用来给出简单的回答,例如:

我们肯定需要这个新词。

Po!

4. "Po"可以用来抵消"No"的影响。要实现这一点,就要用"Po"来提出一个肯定的说法,例如:

我们不能直接创造一个新词来使用。

Po:我们可以直接创造一个新词来使用。

>>> "Po"和语言

"Po"的所有功能本质上都和语言相反,因此不太可能在任何语言中自然而然地演变。语言无论是用来辅助交流还是阐述思想,都是在寻求区别与顺序,而"Po"则恰恰相反。语言与模式的流动性相关,而这些模式本身必然是固定且稳定的,才能实现任何意义。流动性则是在质疑这些固定且稳定的模式。语言的离散划分和有序稳定都反映了信息在特殊记忆表面上自行组织而成的固定模式,"Po"则完全旨在提供一种方法来暂时摆脱这道"禁锢"。

我们的文化和教育重在确立思想和交流思想,能改变思想的似乎只有冲突。要让思想内部发生重组,就必须用到水平思考。在实践中,我们不妨通过"Po"来使用水平思考。"Po"还有助于我们洞悉问题。

否定是逻辑思维的基础。同理,"Po"是水平思考的基础。

　　"Po"的作用还包括提醒我们，特殊记忆表面在信息处理方面有所局限。

第 35 章
特殊记忆表面与大脑的相通之处

到目前为止,本书一直在讲述特殊记忆表面这种系统的建立及其原理。前文已经说明,这个系统能够影响注意力和思考的流动方向等事项;此外,它的信息处理行为会出现某些固有的错误,同时也具有某些巨大优势。本书重在探讨特殊记忆表面的优势,而且它的优势的确远远多于缺陷。目前,本书已经讲述了特殊记忆表面上会发生的活动。

自始至终,本书显然都在假定特殊记忆表面这个系统可能与人类大脑相似。也许对于许多读者而言,某些内容只是一种可能,距离确定还很遥远。这就要看特殊记忆表面是否便于使用了,毕竟通过不断地写作来进行试探是一件非常棘手的事。不过这里不妨再次强调,本书讲述的是一种系统。从广义上讲,这个系统是否与大脑系统相同还有待证明,但根据目前人类对大脑的了解,两者是相似的。当然,这两个系统的细节可能相差甚远,下面就简要地总结一下特殊记忆表面与人类大脑的共同特征。

>>> 转化

我们已经知道,眼睛看到和耳朵听到的模式会引起大脑产生反应。本书假定模式以某种方式呈现于记忆表面,不考虑呈现过程。将环境中的物体转化成大脑表面的模式,这个过程是非常复杂的。这种转化本身可能就是在处理大量信息。

>>> 抑制与兴奋

特殊记忆表面的大部分特征行为,取决于抑制与兴奋的相互作用。这两者之间需要达到某种平衡,所以限制了记忆表面上激活区域的面积。激活区域在记忆表面上游移,引导着注意力的流动。我们知道,神经系统一个非常基本的特征就是在抑制与刺激之间达到平衡,这可以通过神经单元本身的相互作用来实现,或者让化学物质作用于神经单元来实现。实验已经证明,神经行为能否正常运作取决于神经系统能否在抑制与兴奋之间达到平衡。

特殊记忆表面也需要在抑制与兴奋之间达到平衡，所以才会去选择信息、让信息自行组织和最大化。我们可以看到，整个生物界都在因抑制与兴奋相互对抗而进行选择。这种选择可能解释了细胞分化现象，解释了为何手看起来像手、鼻子看起来像鼻子。植物为了在抑制与兴奋之间达到平衡，要选择自己的细胞是长成根还是茎，还要选择如何生长。

单元

根据本书，特殊记忆表面由功能上相互连接的单元构成，这些单元能够在激活和非激活两种状态之间切换。神经系统的单元是一种叫作"突触"的开关，它可以开启或关闭。关于大脑突触的多数知识都是人们通过研究其他"突触"获得的，这些"突触"可能与大脑突触不同，但两者的基本行为可能相差不大。

突触激活与否，取决于一直以来作用于该突触的兴奋与抑制达到了怎样的平衡。一个突触被激活，就可能将激活传递给功能与它相连的其他突触，而突触本身则通过神经相连。此外，还有证据表明神经系统会受到疲劳因素的影响，也就是说，被激活过的突触可能在短时间内较难被再次激活。

短期记忆

有证据表明,大脑是一种二阶记忆系统,由短期记忆和长期记忆组成。在疲劳因素消散后,短期记忆可能会让突触更容易被再次激活,这个现象也可以表现为神经活动沿着回路,一圈又一圈地激活突触组成的模式。有一种方法可以降低大脑的极化,停止其中某个神经区域的活动。如果在某事件发生不久后,对动物大脑使用这种方法,就可以防止大脑记录该事件,但用得太晚就无法干扰大脑的记录。这个现象表明,神经活动与短期记忆有关,与长期记忆无关。

长期记忆

每当特殊记忆表面的单元被激活,它们的阈值就会降低,这就是长期记忆效应。如果突触生长出新的连接甚至单独的记忆细胞,那么这些也都属于长期记忆效应。突触发生化学变化也可以产生相同的效应,更容易对某种刺激模式作出反应。总体功能就是让同一个模式更可能被再次激活。

▶▶ 特殊记忆表面上的模式

在特殊记忆表面上,一组独特的单元构成一个独特的模式。为了便于理解,我们假定这个模式覆盖着记忆表面上一个离散的区域。前文已经指出,功能相连的单元之间可能散布着其他单元,一个独特的模式未必是一块区域,也可能由分散在整个记忆表面的激活单元组成,我们也可以把这些相连的单元视为一个功能单元。

这个功能单元甚至未必需要各个单元以特定方式相连,它们也可以通过共振效应相连。广播发出时,任何一台收音机调到该频率都能接收到广播。如果能够鸟瞰到这个现象,那么这些收音机就像是被激活的单元。不同的电台广播频率不同,所以模式也不同。同样地,覆盖整个神经表面的某个特殊频率的活动,可能会激活那些调节该频率的细胞所组成的模式,而调节的过程可能会成为记忆。

为了便于理解,我们将特殊记忆表面上的模式视为空间模式。它们是否为时间模式并不重要。书写和绘画是空间模式,演讲和音乐是时间模式,电视机则是将时间模式转换为空间模式。我们可以把多个摆锤悬挂在一块板上，做成一个简单的模型。各个摆锤的长度不同，如果摆锤摆动起来，它们就会相互碰撞，在时间和空间上形成一种疯狂摆动的模式，而某些摆锤就相当于静止。这种模式体现了信息组合的特征。但是如果其中一个摆锤缩短，那么整个模式就会永久地改变。记忆表面上的模式可能也是如此，这取决于自身空间、所处频率和单元交互情况。

本书用 d 线来表示特殊记忆表面上的活动，并不意味着活动总是以空间的形式流动。所有的 d 线都表明，如果模式 A 后面跟着模式 B，那么记忆表面就会处于这种状态，也就是模式 C。这整个过程都可以用连接 d 线片段来表示。

并行系统

大脑可能不是一个单一的记忆表面，否则如果一个人的注意力被某事物吸引，他就可能会停止呼吸或跌倒。大脑中可能有多个独立的系统在同时运行，相互游离却并为一体。

自省的危险

大脑的问题在于它太容易进行自省。如果一个系统预测眼睛盯着一个物体看,该物体就会消失,那么我们会认为这很荒谬,因为这不符合我们通常的经验。然而,如果一个物体相对于视网膜的位置固定的,无论眼睛往哪里看,该物体的图像总是落在视网膜的同一部分,那么它看起来确实会逐渐消失。

大脑似乎可以识别各种位置模式和方向模式,有人认为这意味着大脑拥有识别即时模式的复杂系统。然而,大脑的识别可能只是一个慢慢了解的过程,例如了解一个区域的正方形与另一个区域的正方形相同。大脑内部可能根本不存在即时识别机制。或者,大脑识别的并非模式,而是眼睛看到模式时人体所做出的动作。我们要认识到,有些事情可能不像看起来那么简单,但有些事情也未必像看起来那么复杂。

普遍特征

特殊记忆表面这个系统具有非常普遍的如下特征:
1. 记录事情。

2. 迭代，意味着变化会累积。

3. 让信息自行组织，形成系统自己的模式。

4. 通过选择信息，让信息自行最大化。

5. 分为二阶，能够组合功能。

6. 具有内部偏差，因而具有个性，会产生适应性行为。

这些都是记忆表面的普遍特征，无论它们实际上如何运作，可能都与大脑系统同理。系统的行为取决于它的功能而非运作；但如果想要篡改系统，就必须了解它是如何运作的。

普遍的描述功能有个弊端：如果它们因包含各种可能的细节而足够普遍，那么它们可能就过于普遍、毫无用处。假定大脑是一个记忆表面，它带有偏见，分为二阶，能够迭代，并让信息自行最大化，这样的假定是否有用？也许有。首先，这个假定告诉我们，大脑能够进行自我教育，高效地处理信息，凝聚注意力，进行思考，洞悉问题，懂得幽默，还拥有自我。其次，这个假定告诉我们，大脑在处理信息方面存在一些固有的缺陷，但我们可以使用某些方法来弥补这些缺陷。

▶▶▶ "Po"和大脑

有些信息本身可能有用,但它们的输入方式没有发挥出它们的作用,所以我们才要使用"Po"来重组这些信息。目前我们还无法证明特殊记忆表面的运作与大脑相同,可能我们很长时间都无法证明这一点。就算我们了解了大脑细胞,大脑复杂的组织仍然令人难以捉摸。

因此我们可以先假定,Po:特殊记忆表面的运作与大脑相似,它们都是对信息进行组合。事实可能会证明,这些信息本身有用或者能够刺激大脑。

总结

探讨大脑的机制与结构有什么用处？大脑是伴随我们终生的物理系统，它的运作遵循某种机制。通过探讨大脑可能是如何运作的，我们也许会得出有用的结论；要是认为大脑功能应该用某种神秘主义来教条地概括，那么我们将一无所获。

我们把一些简单的行为原理组合起来，就可以形成一个特殊记忆表面。它具有以下四个基本功能：

1. 分解信息与选择信息。

2. 组合信息与创建模式。

3. 发展模式。

4. 形成偏差。

这些功能共同形成了一个非常有用的信息处理系统，它能够创建模式、评估模式，并在此后巩固模式、识别其他模式。这个系统既能够循序渐进地学习，也能够通过洞悉问题来学习。它就像拥有意识，能够引导注意力、进行思考甚至懂得幽默。这表明，一个简单的机制性系统能够产生乍看之下神秘难懂的行为。

在特殊记忆表面上,没有任何开关能够让它以一种方式处理重要信息,以另一种方式处理琐碎信息。记忆表面会产生自己特有的行为,以同一种方式处理所有信息。它的行为特征足以让我们作出某些预测,例如,记忆表面上的模式总是趋于扩大和巩固,进而成为刻板模式,在应对常见情况时效率更高,但在应对陌生情况时灵活性大大降低。记忆表面的另一个特点是,它缺乏一个机制来有效地抹除已经在上面建立的事物。要实现抹除,就必须去强调另一些事物,但同时不理想的情况也会被放大,就像指向错误的路标会变得更清晰,只不过加上了警告标识。正因如此,我们才有必要创造荒诞模式。

特殊记忆表面让信息自行最大化。也就是说,它的判定边界可能非常精细,哪怕两个备选方案之间差异微小,它只会选择其一而完全忽略其二。正因如此,微弱的情感偏向会使得到强调的选择占据主导地位。记忆表面不会在所有模式之间达到平衡。这就像是开车到交叉路口,只要车头稍微超出等候区,司机往往就会无所顾忌地开车穿过路口。

学习是在记忆表面上建立新的模式,或者改变已经建立的模式。在理想情况下，我们只需要让模式顺其自然地发展，注意敏感的"开关"处，确保发展方向如期就行了。这种做法比一直设法把模式强加到记忆表面上更有效。记忆表面的性质决定了注意力流动的顺序，对于学习与交流是非常重要的。

有人认为，洞悉、幽默、审美与和谐等事物都依赖于记忆表面的同一种行为，都是由导致记忆表面发生变化的特殊信息所致。与之相反的不匹配信息就会导致记忆表面使用"No"、表现出犹豫和挫败。我们可以将记忆表面的这些现象纯粹地理解为它的行为。

记忆表面的功能变量都会从功能中体现出来。功能的强度方面存在变量，例如限制激活区域面积的抑制作用；功能的效率方面也可能存在变量，例如疲劳因素。这些变量可能决定着不同记忆表面的行为差异，类似于参差不齐的智商水平。根据记忆表面的性质，同样的降雨既可能会在表面上形成苏塞克斯丘陵那样光滑的地貌，也可能会形成科罗拉多河谷那样轮廓分明的地貌。也许有朝一日，我们能够通过在试管中加入特定的酶，并观察它的反应速率来进行智力测试。那么，究竟是化学物质改变了心理行为，还是悲惨经历发展出了错误的模式，这个问题就没有争论的意义了。化学畸变会覆盖其他所有畸变；但在没有化学畸变的情况下，其他畸变就会发挥作用。

研究本书所述的信息处理系统时，最重要的是要认识到系统中存在固有的错误和局限。整个系统的运作效率非常高，但也伴随着缺陷。

总的来说，特殊记忆表面这个系统非常不善于自我更新，它缺乏一个有效的机制来实现这一点。它通过自然增值法来处理信息，必然会导致信息组合的时效稍微落后，这在很大程度上取决于信息到达的先后顺序和既定模式的存在时长。记忆表面上的信息必然始终无法排列成最佳组合。在所有与智力相关的功能中，幽默的启迪作用可能最强，因为只有特殊记忆表面或大脑这样的系统才懂得幽默。在特殊记忆表面上，问题的解决方案只有在找到之后，才会变得显而易见，这一点及其洞悉效应都体现了这类系统的特征。如果这个系统无法自我更新，那么它肯定也无法自我超越。不过这也未必就是缺点，就功能而言，能充分发挥作用就够了。

更详细地说，记忆表面趋于分化也是它的缺陷，这又导致它人为地创造事物与分离信息。这种现象叫作"极化"。记忆表面能够高效地利用环境所提供的混乱信息来创建模式，但随后这些模式会成为主导，不让现有信息自行组织。模式其实是在指导记忆表面去选择信息，一旦它们成为刻板模式或荒诞模式，那么想要改变它们就更难了。如果模式正确，那么它们就是优点，反之就是另一回事了。

达·芬奇的日记遗失了多个世纪，原因很简单——它们其实一直都在某处，只不过应该是被人误归到了某个文库。如果这些日记真的遗失了，那么它们被发现的概率反而更大。由此可见，如果记忆表面上的信息被错误地"归档"到刻板模式中，它们就无法发挥作用了。

我们一旦意识到这个信息处理系统存在缺陷，就会发现排他性就是罪魁祸首。这个系统并不是万无一失的，所以才会排斥他者、崇尚教条或者封闭思想，这些现象有时危险，有时只会徒增烦恼。

由此可见，我们不该指望自己始终做对，不该在教育中不允许学生犯错，也不该把自尊建立在正确之上，要意识到人人都免不了在某些时候犯错。信息处理系统存在固有缺陷，所以我们才必须用到水平思考。洞悉是一个非常偶然的过程，所以我们不能指望它来使当前信息朝着任何可靠的最佳组合发展。使用水平思考的目的，是让记忆表面通过洞悉来重组信息。

如果你觉得自然思维非常笨拙，那么使用逻辑思维和数学思维这类垂直思维的过程就非常有帮助。不过很多时候，这样按部就班的思路不足以让记忆表面重组信息并洞悉问题，继续发展这些信息也无法改变思考流动的顺序。我们需要破坏原有序列，从而让新的序列形成。水平思考不是要取代垂直思维，而是去补充垂直思维，这样才能弥补记忆表面在信息处理方面的缺陷。有了水平思考提供方向，垂直思维的效果才更好。如果我们看的方向错了，那么即使再努力地看，我们也看不到正确的方向。

然而在某些情况下，水平思考刚好能打破原有的思考序列。一旦某些荒诞模式或其他模式被打破，那么现有信息就可能自行组成更好的模式。使用水平思考不是为了破坏而破坏，而是为了形成更好的模式。此后，我们仍然可以重复使用水平思考。由此可见，使用化学物质来扰乱大脑的平衡运作是达不到这个效果的，因为要让新的模式连贯成形，大脑就必须正常运作。水平思考的奥妙之处在于，它会在颠覆原有模式的同时，让记忆表面通过连贯的思考利用原有模式中的信息。

水平思考与其他思维都需要刻意使用，都需要经过培训和锻炼才能够发展成有效的技能。比起刻意使用水平思考，我们往往要认识到它的本质以及记忆表面对它的需求，才能发现水平思考带来了什么新事物。"Po"是一个新词，使用它的目的是让我们习惯使用水平思考，就像逻辑思维惯用"No"一样。"Po"能表达水平思考的功能，其他文字暂且难以做到这一点。

"Po"的具体功能已经在前文讲述过，它能把两个毫无逻辑关联或顺序关联的想法并列起来。并列本身并没有意义，而是为了触发最终会产生意义的事物。"Po"本身也没有意义，但数学系统就少不了这种不具有意义的功能符号。此外，"Po"还能抵消记忆表面的僵化趋势和极化趋势。

在某种程度上，我们可以把"Po"理解为语言系统中的"零"。它本身不具有任何值，但没有它，系统就无法运作。

要让"Po"真正发挥作用，就必须把它加入教培课程，就像教授什么是对、什么是错一样，教导人们使用"Po"。

有些读者可能会感觉本书过分关注信息处理的机制，不太重视能够轻易控制信息处理的"感情"。但如前所述，情绪的宣泄目标正是由信息处理过程提供的。正是这些过程导致人们发生分歧，凭空发展出差异，并创造出荒诞模式。正是信息处理过程创造了模式，并识别模式。不过一旦情感占据上风，那么信息再多也无法改变宣泄目标。然而，这只不过是既定模式在作祟，情感占据上风时尤其能巩固这些模式。但情绪是由初始模式引导的，有时候，这个引导过程就是在处理信息。

特殊记忆表面的性质不仅不会降低情感的存在感，还反而把它提升到了一个重要地位。特殊记忆表面是一个被动的系统，让信息在上面自行组织成模式。记忆表面对这些模式所做的唯一贡献就是情感（前文称之为"内部模式"）。因此从最广义的角度来看，情感提供了唯一的适应机制，会让所有模式中较有用的模式占据主导地位。情感是自我与个性的体现。如果没有情感，那么记忆表面收到什么信息，就会建立什么模式。有了情感带来的变量，信息所形成的模式才会千变万化。

上述结论都不难得出。较难发现的原理是，哪怕是逻辑思维这样抽象的理性过程，没有情感也无法完成。逻辑思维需要通过"No"反应来运作，虽然"No"反应最终以象征性的形式发挥作用，但它至少在起初是情感向的。不难想象，从小在情感引导下练习使用"No"，会对后天的逻辑思维使用产生很大影响。甚至除了练习之外，情感变化也可能会影响记忆表面上的思维类型。"Po"本身就附带情感，但这些都与情感对信息处理造成的偏差和歪曲完全不同。

如果说信息是通往世界的大门，那么情感不仅是这扇门上的油漆，还是打开门的把手。情感不是独立的事物，它是信息处理的根本。特殊信息表面的分化趋势会导致事物发生有害的分化，其中一种就是理性与感性的分化。很多时候，人们认为情感是可笑或怪诞的存在，所以人们往往用可笑或怪诞的事物来表示情感，博取眼球。

人为地把理性与感性一分为二，会使两者都产生排他性，例如，感性者会不相信理性者的文字游戏，理性者会不相信感性者对美的赞叹。特殊记忆表面的思考过程表明，按部就班的思考可能没有另辟蹊径的思考效果好。因此，先从感性出发，再由理性提供解释，效果可能更好。例如，崇尚自由与公正首先是一种情感，然后再得到理性与法律的支持。只遵从并拥护理性，最终会陷入循环往复的文字游戏；只歌颂并信奉感性，最终会让满腔热情失控而造成破坏。

分化也发生在艺术与科学之间，但两者只是同一事物的不同方面。艺术是具有即时信息的科学，科学是具有进步信息的艺术。这两者的美学与情感是相同的。

特殊记忆表面的变量主要来自情感，因此有人可能会猜测，情感达到最佳水平就能实现创造。低于该水平，变量太少；高于该水平，模式就太固定。过强的情感所固定的模式可能因异常而具有价值，但流经它们的思考不具有创造性。

特殊记忆表面的本质特征就是被动，它能为信息提供自行组织的机会。记忆表面上的大部分信息来自环境，但也有很多信息来自内部模式，这些内部模式代表着记忆表面载体的需求与情感。环境提供信息，记忆表面则带着偏差记录并累积信息。记录之所以存在偏差，是因为载体与环境之间会相互作用。有限的激活区域根据表面上的轮廓而移动，这些轮廓由当前的内部模式、呈现于该表面的信息以及该表面的以往活动相互作用而成。注意力或者思考则跟随激活区域而流动。如果将影响注意力流动的所有因素视为引导注意力的"自我"，那么这也只是一种说法，表明注意力是被动地沿着记忆表面的轮廓流动。关键是，从环境中挑选信息来储存，再从记忆表面上挑选信息来处理或使用，这两个过程是不借助外力的。

东方哲学的主题是人类自私的灵魂会任意且刻意地从环境中雕刻出独立的单元，即自我；东方哲学家的目的是让这些独立的自我回归大自然，并与其融为一体。而西方哲学则重复使用某些有用的模式，甚至某些持久的模式；西方哲学家的目的不是要像东方哲学家那样摆脱模式，而是要形成正确的模式。

通过探讨特殊记忆表面的信息处理过程，我们会发现这个表面上的模式很有用，但它们的形成却是相当任意的。我们并非要诟病特殊记忆表面的缺陷，并非要摆脱这些模式，也并非为了享受模式的效用而建立模式。我们是要认可模式的存在是有用的，同时，也要意识到我们有可能让这些模式变得更好。只要意识到改善模式的可能性，记忆表面的僵化程度与排他性就会降低。"Po"这个词用起来很方便，象征着当前模式所含信息有可能重新组合。把"Po"用在他人的想法上，则表明他人的观点可能具有排他性；同理，把"Po"用在自己的想法上，则表明自己的观点可能具有排他性。

就这个意义而言，"Po"同样可以用在本书提出的观点上。

德博诺（中国）课程介绍

六顶思考帽®：从辩论是什么，到设计可能成为什么

帮助您所在的团队协同思考，充分提高参与度，改善沟通；最大程度聚集集体的智慧，全面系统地思考，提供工作效率。

水平思考™：如果机会不来敲门，那就创建一扇门

为您及您所在的团队提供一套系统的创造性思考方法，提高问题解决能力和激发创意。突破、创新，使每个人更具有创造力。

感知的力量™：所见即所得

高效思考的10个工具，让您随处可以使用。帮助您判断和分析问题，提高做计划、设计和决定的效率。

简化™：大道至简

教您运用创造性思考工具，在不增加成本的情况下改进、简化事务的操作，缩减成本和提高效率。

创造力™：创造新价值

帮助期待变革的组织或企业在创新层面培养创造力，在执行层面相互尊重，高质高效地执行计划，提升价值。

会议聚焦引导™：与其分析过去，不如设计未来

帮助团队转换思考焦点，清晰定义问题，快速拓展思维，实现智慧叠加，创新与突破，并提供解决问题的具体方案和备选方案。